U0021176

視野 起於前瞻，成於繼往知來
Find directions with a broader VIEW

寶鼎出版

NEW CHALLENGES FOR CMOS

行銷長
的挑戰

面對霓虹天鵝，打造創新╳業績的競爭力

消費者是可以被研究的，找到消費密碼，是創新公司的第一步。

作者　黃河明
　　　陳麗蘭
　　　沈永正

航向創新價值的行銷世代

最近美國加州大學柏克萊分校的學者分析，一支 iPhone 手機，台灣的所有代工廠商僅能分得 0.5％的利潤，而蘋果公司本身卻能分享到 58.5％！蘋果公司將所有硬體生產工作都外包給亞洲廠商去代工，真正高附加價值的設計、研發、行銷等高薪工作都留在了美國本土。

台灣的製造業長久以來一直欠缺自有品牌行銷，絕大部份廠商停留在代工製造或提供零組件的組裝，一旦遇到產能過剩時，為防止赤字擴大，廠商往往只好讓員工放無薪假，甚至採取裁員的手段。台灣的製造業發展到今天，似乎需要重新檢視自己的經營策略，徹底改變已成慣性的代工文化，從建立卓越品牌行銷的核心競爭力著手改變，才有機會從目前代工紅海的困境中解脫出來，航向新價值的藍海。

《行銷長的挑戰》這本書恰如其時地出版了。由於全球化的競爭激烈，技術創新必須與通路革命、服務創新、顧客體驗等因素結合，進行「整合行銷溝通」，發展全新的經營策略與模式，才有成功的機會。《行銷長的挑戰》一書即從惠普、蘋果

及 Google 等國外成功的案例著手，深入介紹「整合行銷溝通」的精神，並輔以國內企業實際個案，分別探討品牌建構、顧客價值創造、顧客需求洞察、網路社群行銷及創意行銷等要素。

書中更清楚地指出，由於顧客需求隨時改變，企業若能深切落實顧客體驗，將會掌握到許多未被滿足的顧客需求，從而發現顧客服務領域中異常豐富的商機；今日的企業價值創造，已經由產品製造端移向了顧客服務端。

本書還另闢專章，介紹中國大陸市場機會。中國經濟快速崛起，已正式成為全球第二大經濟體，世界各大知名企業都已銷定中國市場為重點拓展市場，但能真正瞭解並掌握中國市場商機，台灣的產業界擁有很大的優勢。本書為有志於開拓中國市場的讀者，提供了有價值的建議。

仔細讀過本書後，深覺此書真確地闡述了行銷創意成功的關鍵要素，內容精闢，見解務實，乃今日企業經營者不可或缺的參考手冊。而本書的作者黃河明先生，也曾擔任過資訊工業策進會的董事長，乃本人多年好友，故特為序，向各位讀者推介本書。

資訊工業策進會

董事長 史欽泰

聽河明說
成功行銷長的故事

我與河明兄相識多年。擔任過資訊工業策進會董事長及惠普科技公司台灣區營運總部董事長暨總經理等高階 CEO 職務的河明，堪稱是現代商場上文武雙全的「儒將」，對跨國企業的經營與管理、數位行銷通路與管理、組織布局與策略規劃，可說有著獨到的見解和獨門的功夫。

悅智全球顧問公司在河明兄主導下逐步茁壯成長，近年來，與外貿協會就「品牌台灣」計畫的推動，有許多深入合作的機會，「品牌輔導」更是其中重點項目。

在輔導 10 多家廠商的過程中，河明所率領團隊的主要工作，就是協助廠商進行品牌策略與定位、國際行銷及市場進入策略、通路發展，並協助廠商進行品牌活化及品牌加值，這也牽涉到公司內部組織、商業流程之架構與調整。他的創意和貼心的作法，常常獲得外貿協會同仁和廠商的欽佩，也讓我見識到河明的專業修養。

過去親炙他輔導作法的廠商，究竟難以窺其整體行銷策略的堂奧，好在《行銷長的挑戰》一書付梓，河明和他的兩位合作夥伴，一同以「說故事」的方式，呈現諸多的「案例」。

　　這些實務上所見所聞，讓我感受更為深刻；在今天已步入「割喉戰」的國際「競爭市場」中，行銷長的任務比以往更為艱鉅，企業因此更需要足智多謀的行銷長，以規劃出創造奇蹟的經營策略！而本書正可作為想愉快勝任行銷長一職，以及想善用行銷長所長的廠商們，一本重要的參考手冊。

　　正如河明在書中所要闡述的，台灣的科技行業一直欠缺品牌行銷的優勢，因此，大多都還停留在代工或是提供上游零組件的領域，當產能供過於求時，往往就只能看著毛利下滑，再被逼著降低成本或費用，以為因應；而河明就是要既「述」又「著」地讓更多行銷長及廠商認識，如何從「創價」的觀點經營和顧客的關係，注意市場上顧客需求的變化，並從未滿足的需求中，尋找創新方案的機會。

　　今天能一睹《行銷長的挑戰》一書的朋友，可和我一樣稱慶，因為該書正是提供行銷長參考的一盞明燈！

中華民國對外貿易發展協會

秘書長 趙永全

為組織打造行銷 DNA

從 2008 年金融海嘯發生以來，全世界經濟動盪不安，美國次級房貸引起的危機雖已得到舒緩，但緊接著發生歐洲主權債信危機，引發二次衰退的憂慮。不景氣造成高失業率，間接也造成了北非許多國家的革命，以及美國佔領華爾街等社會運動，種種跡象顯示企業必須準備好另一個景氣嚴冬的來臨。

最近新聞報導柯達（Eastman Kodak Co）和明富環球控股(MF Global Holdings Ltd) 兩家大公司聲請破產，很可能只是冰山一角，更多的知名企業正陷於危機。另一方面，我們也看到許多公司似乎未受到金融風暴影響，業績仍然不斷成長，股價也節節升高。蘋果、宏達電和 Google 是其中的典範。為何這些公司能在如此詭譎多變的時局中逆勢成長？

首先，這些公司都有創新的基因和源源不斷的活力，推出令世人刮目相看的產品或服務；其次，也是本書要帶給讀者的重要觀點，這些公司能在全球市場的行銷上展現十分優異的能力，他們了解顧客需求，將產業的洞見轉化為創造顧客價值的構想，並徹底執行品牌行銷策略，因而獲致令人敬佩的成績。

企業如何學習他們的行銷思維和策略？行銷長該有哪些創新的作法？企業高層應如何以顧客為中心改變組織的文化？這些課題將考驗著企業績效的優劣與存亡。

本書執筆的作者共有三位，沈永正多年來從事消費者行為的研究與教學，陳麗蘭在行銷專業經理和顧問工作上有近二十年的經驗，黃河明過去在惠普公司行銷領域歷練二十多年。

因為悅智全球顧問公司成立的機緣，三人有機會一起為許多台灣企業提供行銷方面的諮詢顧問服務，累積了寶貴的行銷輔導經驗。合作寫本書的目的是希望為新世紀的企業提供行銷上的創新思維，並提出行銷長改善企業經營績效的新藥方。

世界改變了，行銷也需要跟著改變。

我們所謂的行銷長 (Chief Marketing Officer) 是指一家公司行銷的最高主管，他或她可能是一位負責全球行銷的資深副總裁，也可能是一位自己親自掌控行銷的執行長。許多公司可能尚未設行銷長，但是許多執行長十分重視行銷，也確實扮演了行銷長的角色，最能代表這類企業的領導者應該就是蘋果的賈伯斯了。

2011 年 10 月 5 日，蘋果電腦的共同創辦人史帝夫‧賈伯斯 (Steve Jobs) 因罹患胰臟癌去世，消息傳出，全球媒體都以頭條新聞和巨大篇幅報導這位科技巨星的殞落。近十五年來，賈

伯斯重返自己所創的蘋果電腦公司，讓瀕臨絕境的蘋果如浴火重生的鳳凰，接連推出叫好又叫座的產品。蘋果的產品贏得全球無數消費者喜愛，成功的關鍵與其說是技術上的天才發明，不如說是以頂尖的行銷策略、敏銳的市場嗅覺、精準的產品規劃設計，以及完美的執行所達成的結果。

另一家科技公司 Google 則是將科技用於創造全方位的行銷績效，他們的 Page Ranking 在技術上並非石破天驚的發明，但是把這項技術巧妙的和頁面儲藏、關鍵字廣告的分析等構想結合，吸引了網路廣告主，創造了無數的廣告版面。網路上 Google 搜尋的使用者快速增加，Google 的品牌價值因此快速提升，同時也以廣告收入創造了驚人的利潤。

台灣的宏達電以異軍突起的氣勢，在智慧型手機市場攻城掠地，在本書即將付印之前，我們欣然看到宏達電 (HTC) 品牌首度進入 Interbrand 全球百大品牌之列，以 36.05 億美金（超過 2 千億台幣）的品牌價值名列第九十八。這是 Interbrand 調查中第一次有台灣的品牌進入百大，也是華人企業中唯一進入百大的公司，具有里程碑的意義。

由王雪紅和卓火土於 1997 年所創設的宏達電，初期以設計和製造筆記型電腦為主要業務，然而筆記型電腦的事業一直陷入困境，倒是另一個手持口袋型的 PC 產品 iPAQ 十分

暢銷。兩位創辦人並未因此滿足，反而積極構思下一波的成長契機，他們留意到快速成長的無線通信市場，藉由與高通（Qualcomm）的合作，成為第一家獲得 3G 技術授權的公司。2002 年宏達電推出了第一款以視窗為作業系統的智慧型手機 XDA，從此開創成功事業。

　近年來上述標竿公司運用行銷創意，快速開展巨大的市場，成為新世紀一開始最受人注意和敬佩的新星。宏達電執行長周永明不只一次強調品牌和行銷的重要性，然而行銷是一項內涵非常豐富、多元而複雜的工作，需要打破傳統、創造全新的產品或服務，並以差異化的價值獲得全球人類的喜好，與眾不同、出類拔萃。

　在創造差異的過程中，了解顧客、傾聽顧客意見是必要的過程；尤其在競爭愈發激烈且變動越來越難以預測的時代，了解顧客以及市場訊息，對於企業精準達成行銷目標，有著不可或缺的作用。

　過去企業想要了解顧客需求，常見的方式有兩種。一種是完全不相信或使用傳統行銷研究的方法，而傾向於採納經營者個人的經驗或是直覺。另一種是將行銷研究當作一個經常性使用的工具。

　在過去，採用不同型態的陣營，彼此間很少對話，這有幾個

原因。一是產業性質不同，通常消費性產品的產業較常使用行銷研究的工具，而工業性產品則較少使用。另一個原因是，許多企業主不相信行銷研究，對行銷研究的使用時機以及目的有所誤解。

確實，在實務的應用上，許多行銷研究的使用時機並不完全正確，造成即使得到市場資料，仍然無法解決行銷上的問題。本書針對此點，特別針對使用行銷研究的時機有所論述，說明正確使用時，行銷研究確實可以解決企業的行銷問題。

基於多年在品牌管理上的實務與輔導經驗，本書整理對於建立品牌管理系統相當重要的方法學，如品牌探索、品牌定位、整合溝通、接觸點檢視等，逐一具體分享執行關鍵，讀者或可從不同的行銷工具中找到解答。

行銷全球不但需要品牌的加持，也需要通路的精心佈建。為了擬定通路結構，必須深入了解不同市場區隔的競爭狀態、採購行為、以及產品趨勢與特質等，這是本書討論通路管理時非常強調的概念。經過在不同領域與國家的實務經驗驗證，書中介紹的多項通路策略思維與管理實務，應可普遍運用於 B to B 或 B to C 的產業環境。

過去二十年來，世界經歷了非常巨大的變化，行銷因此必須跟著改變。現代行銷已經明顯地拋棄了過去以生產者出發的思

維，向著顧客、社群以及社會的需求傾斜。行銷學大師科特勒在他第九版的行銷學教科書中強調，行銷就是創造價值給所爭取的顧客，並保持長久之關係。

誠如 Google 兩位創辦人常勉勵員工的一句話：「關注使用者，其他一切自然隨之而來。」

創造價值是現代行銷上重視的課題，這種發展的主要原因是生產過剩。1997-2001 年間，所有產業的銷售量平均只佔產能的 72% 而已，產銷的不平衡狀態仍在日益惡化。現代消費者選擇十分多元，於是形成種類繁多的不同族群，企業必須精準推出受特定族群喜愛的產品或服務，並與這些消費者保持長久的關係。

例如：關心環境的族群很可能未來買車只考慮油電混合車，在照明上只考慮用 LED 燈。現在消費者也具有較高的自主意識和行動取向，特別是團購類網站，由消費者集結而構成強大採購力量，邁向逆向行銷的新時代。

行銷長的責任加重了，企業的發展愈來愈倚賴行銷長所領導的經營新思維，行銷長的創新與轉型刻不容緩。在各種挑戰之間，期許行銷長們皆能正確使用行銷工具，找到企業新希望。

作者 **沈永正、陳麗蘭、黃河明** 共同執筆

Prologue　行銷創造新奇蹟

Part1　[擴張的挑戰]　轉型跨地域全球品牌

目錄
CONTENTS

Part 2　[過剩的挑戰]
透過差異化創造價值

Part 3 ［區域經濟的挑戰］
揮軍中國搶佔市場

[數位經濟的挑戰]
鼓動行銷通路革命

行銷創造新奇蹟

賈伯斯創造蘋果驚奇的關鍵在哪裡？

是組織改造、策略創新、技術發明，還是營運效率？

這些當然都是成功因素，

但是卓越的行銷能力才是蘋果成功的真正關鍵。

第一章

改變世界的行銷奇才 賈伯斯

2011 年 10 月 5 日賈伯斯 (Steve Jobs) 病逝。為了紀念這位改變世界的「發明家」，蘋果迷踴躍掏出錢包，採購種紀念商品，表達對賈伯斯離世的不捨。原先讓全球 3C 愛好者大失所望的新產品 iPhone 4S，也因賈伯斯紀念機 (iPhone for Steve) 的說法，而在三天內銷售破 400 萬台，創下 iPhone 系列新紀錄。

標榜賈伯斯生前唯一授權的《賈伯斯傳》在全球同步上市，光是台灣一地，預售數量就創新高。再一次見證賈伯斯無以倫比的行銷魅力，連死亡這一刻都強力發威。

從 iPod、iPhone 到 iPad，每一回賈伯斯登上產品發表會舞台，都讓人引頸期待：這一回又有什麼 surprise ？賈伯斯懂得消費

者想要什麼，擅長造勢，難怪吸引了全世界的眼光。

賈伯斯回任蘋果執行長十多年間，不但扭轉了蘋果電腦岌岌可危的命運，而且一連推出叫好又叫座的暢銷產品，讓蘋果的市值一舉超越了三千億美金，成為全球最成功的企業之一。

蘋果浴火重生的關鍵在哪裡？是組織改造、策略創新、技術發明、還是營運效率？這些當然都是成功因素，但是卓越的行銷能力才是他們成功的真正關鍵。本書要探討的就是行銷如何能讓一家公司發揮全部的潛能，成為傑出的公司。

賈伯斯的才能是洞察力

眾所周知，賈伯斯的最大優點不是技術上的發明或創新，他令人敬佩和激賞的是對市場具有敏銳的嗅覺和想像力，能夠把人們渴望獲得的產品和服務發展出來，讓市場產生無比的熱情。這種市場洞察力和隨之而產生的創造力是結合天份和努力得來的。與其說賈伯斯是愛迪生第二，不如說他是一位科技界最傑出的行銷奇才。

賈伯斯小時候被父母棄養，經好心的養父母扶養長大，具備著一種少年人少見的深邃的心靈和人生哲理。他曾經到印度修行佛法，也曾拜師學禪，最後在電子科技的發明上找到了奮發

向上的力量。對他而言，藉由新產品的成功而改變世界是他的使命。

正由於懷抱著這種改變世界的雄心壯志，賈伯斯帶領蘋果團隊，開發出全球粉絲為之瘋狂的系列產品。他在離開蘋果電腦十多年後，應邀重回蘋果挽救沉淪中的蘋果。他先由輕薄如紙的 iMac，成功開展了一系列偉大的產品。包括以 iPod 結合創新的音樂下載網站 iTunes，成為隨身聽領域的領導產品。接著 iPhone 成為智慧型手機的聖杯；現在 iPad 又顛覆個人電腦市場，造成一股席捲全球的時尚風潮。

以 iPod 魅力席捲音樂市場

早期麥金塔只能贏得一些利基市場，要推廣到廣大群眾市場時就遇到 Wintel 相容電腦強力的競爭，無法突破。沒想到賈伯斯這回用 iPod 的魅力席捲全球隨身音樂的市場，在 MP3 音樂播放器的全球市場佔有率高達百分之七、八十，透過 iTunes 下載的歌曲已經高達數億首。他藉由這種成功的行銷奇蹟地扭轉乾坤，使瀕臨破產的公司絕處逢生。

蘋果帶給消費者的不只是具備上網功能的工具，事實上，消費者因為觸控方式操作簡易，加上外形設計酷炫，產生一種

驚嘆喜悅的體驗。蘋果將高科技產品設計成令人熱愛的時尚精品，使用者在務實的功能外也享受到設計者貼心的創作。這種結合情感和功能的作法無疑出自蘋果大放異彩的行銷功力。

回顧賈伯斯 2007 年麥金塔世界博覽會的演講，他說：「在 1984 那年，我們推出了麥金塔，它不僅改變了蘋果，也改變了整個電腦產業。」接著，螢幕上出現 iPod 的全螢幕照片，他指著螢幕說：「在 2001 年，我們推出 iPod，它不僅改變了人們聽音樂的方式，也改變了整個音樂產業。」

現場響起一片熱烈的掌聲，他接著宣布：「今天，我們要介紹三種革命性的產品，第一種是觸控式的寬螢幕 iPod，第二種是革命性的手機，第三種是突破傳統的網際網路通訊裝置……各位注意到了嗎？我說的並不是三種不同的裝置，只有一種裝置，我們叫它 iPhone。今天蘋果要重新發明手機。」賈伯斯所帶領的蘋果公司，被視為最具創新能力的公司。

這一切恐怕都要歸功於絕妙的行銷。

工藝精品背後的行銷思惟

蘋果的設計強調對消費者的質感和價值，以 iPad 為例，設計者是將一部筆記型電腦的功能大幅度減化，以減少厚度、重

量和耗電。這個思維跟不斷增加功能的 Wintel 產品完全相反；另一方面，蘋果團隊巧妙地把觸控面板和軟體結合成一個使用介面，創造了令使用者著迷的使用經驗。

賈伯斯堅持用這種精簡而唯美的原則設計，推出了工藝上的極致精品。協助實現這個理想的設計天才強森・伊夫提到，從 iMac 到 iPhone，他和團隊都必須接受賈伯斯嚴峻的挑戰。拜一系列具有高度影響力的產品之賜，伊夫已經兩度被倫敦甚有名望的設計博物館推舉為年度設計師。於 2006 年，還獲得英國女王授予爵位。

伊夫說，保持它的精簡就是這些機器的設計理念。賈伯斯從創立蘋果電腦開始，就特別重視設計和行銷，大多數了解電腦歷史的人都同意，賈伯斯並非技術的高手，他不像比爾・蓋茲親自撰寫程式。蓋茲即使擔任公司最高主管時，也喜歡領導技術團隊。

賈伯斯在電腦技術上獨具鑑賞能力，知道哪些技術會形成使用者喜歡的特性。他創業當時，主要就是看上一位天才電子發明家渥茲尼克 (Steve Wozniak) 所組裝的個人電腦。賈伯斯早期的努力，一方面是替渥茲尼克設計的個人電腦裝上合身的塑膠外殼；另一方面則是設法將蘋果電腦推廣到市場上去。

賈伯斯相信精簡的、容易上手的家電產品才是消費者需要

的，真正關鍵在於極為卓越的設計和聰明的行銷。賈伯斯對細節非常執著，他是一位挑剔的完美主義者，設計一改再改，甚至全部作廢。他的部屬常因他的吹毛求疵而抓狂。他說過一句值得深思的話：「設計是一個很有趣的字眼，有些人認為設計就是外觀的意思，但如果你深入地追究，它的真正意思其實是運轉的方式。」

以「一九八四」廣告挑戰巨人

蘋果電腦是由賈伯斯和好友渥茲尼克兩人創於 1976 年，他們利用當時剛出現的微處理器 Rockwell6502，研製出第一部可以放在桌上的個人用電腦蘋果一號，改變了整個電腦產業。接著又推出轟動全球的蘋果二號，有了 Apple II 的空前成功，賈伯斯開始對工業設計認真思考。

蘋果這種方便消費者使用的隨拆即用觀念，和早期競爭對手的方式不同，蘋果特別容易使用的關鍵就在於「設計」這兩個字。渥茲尼克專心研發突破性的硬體，賈伯斯則全心致力於外殼設計。他說過：「所以我對 Apple II 的夢想是，我要賣出第一部真正經過包裝的電腦……我的直覺是我想要一部塑膠外殼的電腦。」

他希望用塑膠外殼，因此接觸了兩家矽谷頂尖的設計公司，但因為他錢不夠，都遭到拒絕。後來他終於找到剛離開惠普的自由設計師傑瑞・莫那克 (Jerry Manock)，因此推出讓消費者眼睛一亮的產品。

賈伯斯另一方面的成就在於行銷溝通，他體認到一家新的公司必須讓市場知曉，才有機會創造好的業績。為了強化蘋果的知名度，在推出麥金塔時，蘋果首度創造了一個成功的廣告。1984 年 1 月 22 日，蘋果在美式足球超級盃第四節推出了這一支令人吃驚的廣告。

這支廣告片以歐威爾的小說《1984》為題材，把蘋果塑造為對抗惡霸的小英雄。不但一夕之間轟動美國，在接下來幾個月，全國電視網和地方電視不斷免費重播「1984」廣告，《電視指南》(TV Guide) 封它為「電視廣告史上的最佳作品」，也因此讓蘋果聲名大噪。這種創新的手法使蘋果的產品成為許多人心中的夢幻商品，也使蘋果成為形象最鮮明的電腦公司。蘋果雖然度過了一段黯淡的歲月，但是行銷的 DNA 終於幫助他們再度嶄露頭角。

第二章

另一顆光芒四射的新星 Google

另外一個因為行銷創造企業奇蹟的公司是 Google。

Google 是由兩位史丹福大學博士生佩吉和布林創於 1998 年，他們懷有一個偉大理想：發展搜尋技術，透過技術改變世界。他們藉由先進的搜尋和傑出的商業模式得到網路使用者的喜愛。Google 與微軟最大的不同，在於他們充分善用網路的巨大力量，而非借重個人電腦本身的技術。

在短短的三年時間內，他們成為最大的搜尋引擎服務和廣告公司。由於搜尋幫助人們快速找到所需要的網站和資訊，為上網人士每天所愛用，於是聚集了超大的流量。

佩吉和布林全心想要創立一家偉大的公司，於是一步步想出

新的商業法則，組合出一個符合網路時代的商業模式。他們實驗各種不同的賺錢方法，終於找出最能獲利的組合；他們不僅將 Google 變成一個偉大的企業，更重新振興了網路事業，改變商務的遊戲規則。

據說他們到紅杉資本公司 (Sequoia Capital) 為他們新開發的搜尋引擎技術尋求資金時，只用一句話來描述自己的公司：「Google 讓使用者按一下滑鼠就得到全世界的資訊。」雖然只是簡單的一句話，卻讓紅杉公司的投資人立刻了解 Google 技術的重要性，並決定一筆金額不小的投資。

重新定義「多」的價值

2000 年科技業普遍出現泡沫化和衰退時，Google 的營收成長了九十四倍，達到一千九百萬美元。到了 2003 年，不過短短四年間，營收就已成長到十五億美元，利潤高達一億美元，攻下全球 80％的網路搜尋市場。Google 是創新思維的典範，品牌價值快速提升。同時網路上快速增加的網頁都成為可以擺放廣告的機會，Google 因此聰明地以廣告收入創造了驚人的價值和利潤。

現在，Google 的衛星空照地圖和 YouTube 網站也廣受歡迎。

下一個階段，Google 的經營模式鼓勵了許多軟體業者採用網路租用的模式，讓使用者便宜地使用軟體，挑戰微軟的霸主地位。這個策略預計要顛覆原有軟體產業的遊戲規則，產生的衝擊不可忽視。網路的外部效應使其影響遠超過了個人生產力的提升，軟體產業的主戰場難以避免會轉移到網路的應用上。

Google 的成功是網路經濟中的新範例，自三十多年前個人電腦發明後，人類經濟型態產生了巨大的改變。以符號和資訊為主的無實體產品快速增加，以美國為首的先進工業國已經進入後工業時代。有別於工業經濟中大多是處理具體可見的實體，新經濟處理的是虛渺之物，如資訊、著作權、娛樂、證券及期貨等。美國的經濟已經在去實體化 (demassify)，逐漸朝向這些無形的商品邁進。

網路更加快了世界的改變，網路經濟一個異於工業經濟的現象是：「普及」比「稀有」價值高。由於位元的傳送和複製成本都很低，越是受到歡迎的產品或服務，越能從網路散播，藉由口碑吸引更多的使用者。結果，不論是中央處理、儲存資訊，或是網路頻寬，都因為不斷降價而使得科技投資的邊際成本趨近於零。

搭上這個新的趨勢，Google 利用免費搜尋服務創造了一個超大的使用社群，而且這個社群蘊藏著巨大的廣告價值！

Google 提供搜尋的技術讓我們使用，搜尋的內容卻是全世界人類共同建置的龐大網頁集合，這個聰明的行銷創意造就了一家超級巨星般的公司。在 Google 之前推出搜尋引擎的公司，由於未能想出市場行銷和獲利的營運模式，因而錯失良機。

有些學者認為我們正在進入後稀少性經濟 (post-scarcity economy)，此時 Google 正在幫助我們面對「豐富」，也挑戰了傳統經濟學的供需法則。

全靠使用者口耳相傳

Google 的快速崛起固然掌握了網際網路成長的時機，但如前面提到的，更早的搜尋服務並未產生爆炸性的成長。真正關鍵的差異在於 Google 的行銷概念。兩位創辦人一直以顧客需求作為創新的引導，他們常勉勵員工的一句話是：「關注使用者，其他一切自然隨之而來。」

兩位創辦人堅持首頁用非常精簡樸實的畫面，以便讓顧客喜歡使用，同時反對早期大多數業者將搜尋結果與廣告混合，以收取更多廣告費用的做法。Google 尊重使用者，明確劃分搜尋結果和廣告，確實引領 Google 發展成為世人愛用的工具。在該公司網站上列出的「十件 Google 相信的事情」中，有一

件是：「成長不靠電視廣告，全靠滿意的使用者口耳相傳。」

佩吉和布林一開始的工作是將大量網頁儲存並加以標記，在1998年時標注了2,600萬個網頁，到2000年，可搜尋的網頁量已超過10億；2008年它宣稱大約已可搜尋1兆個網址。這是他們創業之初就擁有的雄心大志，甚至在為公司取名字時，選用了數學家愛德華・凱斯納(Edward Kasner)所創的一個能代表最大數字的字Googol，其意義是十的一百次方。

據說在登記公司時拼錯，才將錯就錯成為Google。從取名字就可以看出兩位年輕人向超大量資料的搜尋挑戰的決心。正由於搜尋的範圍最廣，搜尋速度又快，滿足了網友的需要，Google因而聲名大噪。

「有效」便能維持忠誠度

不過品牌的可信賴度，是在贏得客戶後，維持客戶忠誠度最重要的單一因素。Google能贏得幾億個使用者的喜愛，在於他們重視商業的道德倫理。對於使用者來說，搜尋結果的排序根據一套客觀的方法，與關鍵字的相關程度高，最能符合使用者的期望。

對於廣告主來說，Google的AdWords網路廣告方案比其他

服務好用且有效，因此被廣泛使用。AdWords 讓廣告主可以依據訪客的實際點擊次數來付費，也可以詳細檢視每次點擊的成本。於是，廣告主瞭解到行銷是能夠追蹤和測量的，也開始懂得以數字來管理行銷活動。這些工具照顧了廣告主的利益，也促使廣告主做出更好的行銷決策。

除了 Google 之外，隨著網路科技不斷推陳出新而開創新事業的，還包括了臉書 (Facebook)、推特 (Twitter) 等新興的社群網站，他們營收和市值快速增加的速度令人不敢相信。在亞洲，中國大陸的百度、騰訊和人人網等，也是大家看好的網路服務新星。

第三章

行銷為何能創造奇蹟？

　　針對行銷所做的研究和實踐，在過去一個世紀為人類開展了前所未有的新文明，「世界市場」的形成促成交換互惠的協同合作，使人類享用了最好的商品和服務。

　　行銷促成更精密的分工、更專業的組織，形成了二十一世紀工業化的進一步普及，現在又引領先進的企業創新，開創知識經濟時代嶄新的商業模式。行銷不但具有強化供需方面交易的功效，也正在試探許多前所未有的新方法，例如網路商業社群、團購、協同設計製造等突破性的商業典範。

　　行銷的本質在於價值的交換，顧客願意以某種代價換得一種產品或服務，主要的原因在於所換得的好處獲利值得所花的代

價。價值必須從顧客的角度評斷，也就是顧客所知覺的利益。

　　許多科技產品雖然技術的創新和發明很了不起，但是沒有讓潛在顧客感覺這種創新或發明的價值，就難以說服他們購買。最近快速竄起的企業帶給顧客新的價值、新的體驗，獲致優異的成效，有意起而效尤的企業或個人可以深入探討這些公司的行銷思維和做法。

讓「推銷」變得不必要

　　誠如彼得·杜拉克所說：「企業有二項，也只有二項基本職責：行銷和創新。只有行銷和創新創造成果，其餘都是成本。」他又說：「行銷的目的就是為了讓推銷變得不必要。」惠普的創辦人普克說：「行銷太重要了，不是單一個行銷部門應付得來的。」宏碁創辦人施振榮先生以他那有名的微笑曲線說明，行銷和研發創造高附加價值的潛力，遠高於純粹的製造活動。

　　行銷是什麼？根據科特勒教授在第九版的《行銷學》所定義的，行銷就是建立可以獲利的顧客關係，而行銷的主要目標在於為顧客創造價值，並掌握顧客回報的價值。行銷管理人員的任務是藉由創造、遞送和溝通給予顧客的價值，來發現、吸引及拓展目標顧客。美國行銷學會對於行銷的最新定義則是：「創

造、溝通與傳送價值給顧客，並管理顧客關係以利於組織和利害關係人的組織功能與流程。」

　　本書期望提供給讀者最前瞻的行銷觀念，並且也以實際案例和行銷實務帶引讀者了解落實行銷的方法，以便在這個「行銷至上」的新時代能掌握致勝的關鍵。我們先由市場和商業的起源說起，讓讀者對於行銷發展有更完整的概念。

市場與商業的起源甚早

　　約在距今一萬年前，在一些河流區域開始出現農耕和定居的部落和氏族，農耕為人們帶來較為穩定的糧食，群居則自然產生了互通有無的需求。初期小部落以物易物，也許是基於親戚宗族之間互助合作的行為，等到群居規模擴大，以物易物的範圍擴大到與不相識的人之間，逐漸發展成市集，並出現了商業交易的行為。

　　考古學家發現中亞的兩河流域很早就有城市的存在，也留下許多商業貿易的痕跡，中國在商朝就有明顯的商業活動，春秋戰國時代出現遊走各國的商人。漢朝時更把商業的領域擴展，積極和西域通商貿易，成為絲路的起源。

　　商業之建立，是人類文明的一大里程碑，商業交易常需要人

際關係，最早的人類交易起源於部落內的以物易物，由於是與熟悉的人交換，其實比較是一種基於互助互惠的交換，很容易彼此信任。等到交換的範圍由鄰居、親友而擴大到一般陌生人時，由於彼此並不熟識，就產生了最早期的市集和到處叫賣的商人。不信任之下，往往需要花較多的時間協商談判，討價還價，交易的效率低。

世界各地現在仍存在一些古老而傳統的市場，漫天喊價、隱匿行情及欺騙假冒的事時有所聞，不肖商人確實讓購買者深覺苦惱。有為的君主或政府，深知商業貿易對人民生活的重要性，往往制定法律與政策，加以規範，促成了商業的進步。

240 年前國富論開啟市場經濟理論

兩百四十多年前，亞當·史密斯在他的巨著《國富論》中指出，每一個人在交換中自由地追求最大利益，其結果產生了最大的社會財富，市場好像有一隻看不見的手，讓這種機制生生不息。終身任教於愛丁堡大學的亞當·史密斯先是教授倫理學和政治學，後來潛心研究國家財富的創造，他被尊為經濟學的鼻祖。

亞當·史密斯觀察發現，不論是哪一種產業，透過水運都可

比單靠陸運接觸到更廣大的市場，所以各種產業自然而然落腳在海濱或適宜的河流兩旁，開始產業內分工與生產力改善。往往需要經過一段很長的時間，分工與改善的現象才會延伸至內陸地帶。

水運既然有如此好處，可以幫各種勞動產品打開全世界的市場，所以各種工藝與產業的改良，很自然都會先發生在水運便利的地方，而且要經過一段長時間之後，這種改良才會自然而然延伸至內陸地帶。古今中外，幾乎所有河流交匯或具優良港口的地區，就會形成一個以商業為主的市鎮。

若以亞當‧史密斯的論點來看中國文明的發展，古代的中國，先在黃河流域形成初步的基礎，固然以黃河沖積的沃土為農業基礎是一個原因，但真正變成強大則是上、中、下游互通有無，藉由商業和貿易而壯大實力。

人類具有交換及交易的特性

亞當‧史密斯認為人類雖自私和以私利為優先，但是也很願意以自己多餘的物品或財富與別人交換，以形成互通有無、互利互惠的關係，在一隻看不見的手的引導下，個人的自利心卻反而能促進社會福祉。自利心不但對社會沒什麼壞處，甚至

比社會關懷更能確保社會福祉。這是西方經濟學思想的重要根源，也是資本主義市場經濟的啟蒙。

人類的行為中最為獨特的是「交換」，也就是互通有無，禮運大同篇中有「貨惡其棄於地，不必藏諸己」的論述。意思是自己吃不完、用不到的東西可以送給別人，將自己多餘的東西送給別人，促成了交換。由交換到以物易物，形成「市集」，再進一步發展出以金錢貨幣為媒介的「交易」商業，行銷的重要即建立於現代社會所需要的交換機制。

從研究配銷、商品、功能開始

距離當今約一百年前，也就是 1910 年代，有幾位美國的經濟學者分別針對農產品和日用商品的配銷問題，進行深入研究，建立了配銷方面的理論基礎，並使行銷成為經濟學的應用領域。

當行銷學逐漸形成一個獨立的研究領域時，學者認為行銷人員所關心的是「如何將產品由生產者手中移轉到消費者手中」以形成交易，自然應該以交易的標的物「商品」做為研究的對象。這些學者遂以經濟學的概念為基礎，逐漸形成所謂的「商品學派」。

商品學派最著名的分類概念大概是由科普蘭 (B.P. Copeland)提出，而至今仍為大家採用的是便利品、選購品與特殊品的三分法。接著有一些學者主張找出並分類行銷的功能，就可以把行銷的定義及內涵正確完整地表達出來。由於研究的人頗多，自然也就形成一個學派，稱為「功能學派」。

歷經一個世紀的發展，行銷吸收了心理學、社會學、人類學等科學的觀念，發展成枝葉茂盛、內涵豐富的學門，關注的焦點也由生產者和商品，擴展到通路商和消費者，甚至對整個社會的影響。除了在商業領域，連政府和非營利機構也常運用行銷學的方法，強化組織的貢獻，行銷成了近代社會不可或缺的活動。

現代行銷的程序有助於價值交換

簡單來說，行銷的活動是涵蓋了市場交易的一系列活動，其主要目的在於媒合供需雙方，完成價值的交換。早期行銷者的任務在於將生產出來的商品推銷給需要的顧客，重視廣告、促銷等功能；隨著時代的演變，企業愈來愈重視顧客，行銷的重點轉移到如何為顧客創造價值，並保持忠誠的顧客。大多數的企業在行銷領域的活動包含了以下的程序：

‧了解市場、顧客需求和慾望。

‧制定以顧客為中心的行銷策略。

‧策劃傳遞價值的行銷計劃。

‧建立有利的顧客關係和創造顧客的喜悅。

‧從顧客身上獲取價值、創造利潤和忠誠度。

　　仔細探討蘋果公司和 Google 的神奇成功故事，不難發覺他們的行銷遵循了上述幾個步驟，獲得了廣大消費者的迴響，也由顧客的熱愛獲取了可觀的利潤。在後面的章節裡我們將有更深入的分析。

Part1

[擴張的挑戰]
轉型跨地域全球品牌

今天生活在北京和墨西哥的青少年很可能同樣穿著耐吉的球鞋、
上麥當勞享用可口可樂及漢堡。
較年長的大學生則一邊收聽 iPod 播放的熱門音樂；
一邊利用 iPad 上網送電子郵件。
全球品牌已經佔了消費者荷包中愈來愈多的比例了。

第一章

目標：
躋身全球百大品牌

近二十年的全球化發展，使得跨國企業迅速拓展國際市場版圖，以全球市場的規模，這些巨型企業創造出暢銷全球的產品或服務；另一方面，消費文化的全球化使得消費者的購買習性趨於一致化，青年男女對於牛仔褲之熱愛是一個典型的例子。

以上兩大因素，加上全球傳播媒體和網際網路的推波助瀾，使得全球品牌的價值因為這些變化而大幅增加。今天生活在北京和墨西哥的青少年很可能同樣穿著耐吉的球鞋、上麥當勞享用可口可樂及漢堡。較年長的大學生則一邊收聽 iPod 播放的熱門音樂；一邊利用 iPad 上網送電子郵件。全球品牌已經佔了消費者荷包中愈來愈多的比例了。

年輕的 Google 也能擠入百大

根據《商業週刊》委託 Interbrand 品牌顧問公司所調查的 2011 年全球品牌，價值前十大企業品牌和其品牌價值如下：

2011 年世界 10 大品牌之品牌價值

名次	品牌	品牌價值（億美元）
1	可口可樂 (Coca Cola)	719
2	IBM	699
3	微軟 (Microsoft)	591
4	Google	553
5	奇異電器 (GF)	428
6	麥當勞 (McDonald's)	356
7	英特爾 (Intel)	352
8	蘋果 (Apple)	335
9	迪士尼 (Disney)	290
10	惠普 (Hewlett-Packard)	285

可口可樂以品牌價值美金 719 億再度蟬聯榜首，名列第十的惠普品牌價值則為 285 億美元。在前十名中最受矚目的應該是快速竄起的 Google，這家公司是排行榜上最年輕的一家、成立才十三年，竟然超越許多歷史悠久的知名企業，在品牌價值排名上名列第四。商業史上恐怕還沒有前例，能有一家新公司

在這麼短的時間內建立如此驚人的全球品牌價值。

另外值得注意的是：亞洲並無任何品牌名列前十大。豐田汽車於 2007 至 2009 年三年間皆於前十名榜內，但在 2010 年因回收瑕疵汽車的事件而大受影響，品牌價值減少百分之十六，排名由第八滑落為第十一名（2011 年維持不變）。

建立全球品牌固然需要投入很多時間和資源，但是一旦成功，其延續價值也十分可觀。根據 Interbrand 的研究，大型全球企業的有形資產佔總資產 36%，品牌資產佔 38%，其他無形資產則佔 24%。Interbrand 評估品牌價值綜合了產品或服務在市場上的佔有率、獲利能力、公司社會形象等因素。

華人企業長期落後，有待急起直追

在 2011 年台灣的宏達電 (HTC) 以第九十八名入榜之前，歷年 Interbrand 所公佈的全球百大品牌中，從未有華人血統的品牌出現，台灣、香港、新加坡和中國大陸都沒有。究其因，可能是華人企業不擅長了解全球顧客的消費行為，然而貼近顧客的認知是行銷真理，也是構成消費者購買的決定因素。該如何經營品牌，華人廠商真應該好好研究。

台灣長期依賴代工是一件很可惜的事，應該要走上自有品牌

與全球行銷。有許多人認為台灣市場小，不適合發展品牌，不過世界百大品牌中有許多公司都「不是」在大的國家中誕生，所以台灣這樣自我設限是錯誤的。

小國無法產生國際知名品牌這個論點的最明顯反證，便是芬蘭的 Nokia，這個牌子走出國際應該是 1990 年以後，雖然在 2011 年 Interbrand 世界品牌排名中，小幅滑落至十名以外，但在 2010 年前連續十年名列全球前十大品牌，具有近三百億美元的品牌價值，而芬蘭是一個人口只有六百萬左右的國家！瑞典、瑞士和荷蘭等歐洲小國也都有許多品牌進入前百大，可見這些國家的傑出品牌並未受限於本國市場的規模。

另外，台灣許多生產零組件的公司也認為工業型的公司不需要品牌，當然相較起來，零組件廠商比較關注的是讓少數大顧客滿意，也許品牌效益較不明顯。但是讀過「Intel Inside」故事的人都不得不承認優異的零件工業品牌，有時甚至形成消費者指定購買的條件。連專做晶圓代工的台積電也強調品牌，可見工業產品的行銷也愈來愈重視品牌。

韓國三星品牌力大躍進

在亞洲品牌中，最令人刮目相看的應該是韓國三星

(Samsung) 亮眼的表現了。三星在 1997 年亞洲金融風暴中還曾陷入危機，差點破產，幸經領導團隊積極轉型、破釜沉舟，放棄以代工為主的經營模式，改以品牌和創新塑造新的三星文化。短短十幾年，三星在全球建立了強大的國際組織，認真經營品牌和通路，以創新和差異化的藍海策略，使得全球品牌價值大增。

三星的品牌價值近幾年來突飛猛進。2000 年時品牌價值才剛達到 52 億美元，2004 年的調查中，三星的品牌價值已經超過 SONY，成為亞洲消費電子品牌價值最高的公司。2005 年進入第二十名，品牌價值達 125 億美元，2009 年與 2010 年都列名世界第十九。2011 年更提升至第十七名，品牌價值破 200 億美元。

三星在中國大陸市場的表現更為亮麗，北大《商業評論》在 2004 年的品牌價值調查中，名列第一的是三星，超越了所有的中國品牌，以及諾基亞、摩托羅拉、索尼（新力）和惠普等外國科技公司。

三星集團的崛起不只是韓國企業的典範，也給亞洲企業一個可資借鏡的案例。成立於 1938 年的三星，以魚乾和蔬菜出口起家，後來進入電子業，掌握了快速成長的契機。在半導體成為電子元件的新材料之後，三星更積極投資，1978 年三星半

導體成為獨立個體，以生產 DRAM 和 VLSI 聞名。

　　早期三星也只專注於生產標準型的電子產品，以低價爭取出口市場，但是過去十多年，三星有如火箭般急速升空，成為亞洲最引人注目的大企業。

原先是無差異性的三流品牌

　　亞洲金融風暴迫使三星轉型，而破釜沉舟的決心讓三星完全改變製造代工的思維，連三星人也承認：若非金融風暴逼使三星轉向，三星也不會有今天的成就。一位三星高階主管說過：「十年前三星是三流的品牌，產品差異極小，現在我們已叩關，即將進入主流群，比我預期來的更快。」

　　又說：「第一步是取得高知名度，這點我們已經做到，但是要成為消費者真正喜愛的品牌，得面對全然不同的挑戰。亞洲金融風暴迫使三星轉型，我個人認為經濟危機使人們領悟到，需要有一套制度來創造三星獨特、具有彈性、能持久的價值──產品要能和競爭者有所區隔。」

　　三星的轉型成功關鍵在於創新和行銷。過去三星太偏重以低廉的製造成本作為競爭武器，生意中很大的部份是幫國外大公司代工，但隨著土地和工資上漲，利潤日益微薄，而且追求

「量」的策略使投資在設廠上的融資額大增，成為亞洲金融風暴時政府強力要求整頓的集團。據報導當時三星的負債高達 200 億美元，不得不以出售資產、整併事業部門因應。

三星在奮鬥的過程中，也碰到與我們類似的許多困難，其突破的方法便非常值得參考。其中令人印象最深刻的是，他們全公司對於發展品牌的決心和共識。正因為有共識，公司的資源可以大幅度轉移到品牌事業上，而能逐步脫離代工的困境。其次他們很早就注意到消費者市場的研究和推廣，我國產業在這方面較為不足，很少針對全球消費市場進行研究，同時我們在服務的網路佈建上也還不完整，極為缺乏與終端使用者接觸的經驗。

三星是透過經營電視、微波爐等家電來累積市場經驗，這些產品或許沒有替他們帶進太多利潤，但是很顯然地累積了足夠的知識，使他們在進入手機市場的時候，比台灣公司佔有更好的優勢。

現正營造全球品牌形象

最近媒體常報導三星在整體手機佔有率已經超過摩托羅拉，並且挑戰龍頭諾基亞，三星固然在技術上有傲人的表現，但是

他們在行銷上更展現驚人的實力。我常讀到韓國所發表的世界各國消費市場研究，韓國的大學在這方面的論文也比我們多很多，三星積極贊助這類研究，也善於培育以國際行銷為專業的人才，非常值得台灣的公司借鏡。

金偉燦 (W. Chan Kim) 與莫伯尼 (Renee Mauborgne) 合著的《藍海策略》一書以三星為例，認為他們避開在現有市場的競爭，改以差異化和價值創造為政策，創造了沒有競爭對手的市場空間。為了實現轉型創新的決心，三星在韓國的水原市斥資蓋了一個特別的「價值創新計劃中心」(Value Innovation Program Center, VIP Center)，進行包含手機、LCD TV、記憶晶片等領域的創新研發。

最近幾年三星以「領導數位融合革命」作為行銷主軸，啟動一個大規模的品牌形象計劃，包含以四億美元的預算推出全球系列廣告，展現出一家成功公司的氣魄和實力。

第二章

政府出力 Branding Taiwan

　　從前述三星的案例看來，台灣企業一定要擺脫原來的代工心態，以自己的研發實力推出與眾不同的卓越品牌。經濟部亦已體認到全球品牌之重要性，而台灣品牌的實力仍遙遙落後，更讓人擔憂的是全球競爭加劇，許多行業都出現了供給遠超過需求的狀況，價格競爭往往形成薄利或無利可圖的現象。品牌因此更形重要，唯有藉由品牌，才能形成足夠的優勢，避免產業失去發展的空間。

　　於是台灣政府在 2006 年啟動了「品牌台灣發展計劃」，該計劃希望五年內達成「前五大品牌價值各自突破 10 億美元」的目標。由政府投入資源，委請 Interbrand 顧問公司評估台灣

較大國際品牌的品牌價值,並藉由培訓、輔導、投資和獎勵來強化自創品牌的外銷企業。

前五大品牌,價值確實提升了

多年下來,許多台灣品牌的價值已經有明顯提升,政府原定的目標已提前兩年完成,顯示台灣品牌在國際市場的努力逐漸開花結果。在 2011 年台灣前二十大國際品牌的排名中,排名第一的是手機品牌 HTC,品牌價值 36.05 億美元。在智慧型手機市場熱潮帶動下,手機品牌 HTC 於 2010 年以 13.9% 的高成長率,首度進入前三強,以 13.71 億美元勇奪第二名。宏達電的股價一路衝破千元大關,其中品牌經營成功佔很重要的原因。第二名的 Acer(宏碁),品牌價值 19.4 億美金。

其他名列前十名的依序為華碩、趨勢、康師傅、旺旺、巨大、正新、聯強國際和研華公司。前十名品牌價值總計為 116 億美元,較 2010 年大幅成長 43.9%。右頁圖表為前十名之名次和品牌價值。

以悅智全球顧問公司在「品牌台灣」計劃中實際輔導十多家企業的經驗看來,台灣確實有一些體質良好、已在國際市場上建立品牌基礎的公司,經過兩、三年的品牌強化計劃,便能受

2011 年台灣 10 大品牌之品牌價值

名次	品牌	品牌價值 (億美元)
1	HTC（宏達電）	36.05
2	Acer（宏碁）	19.40
3	Asus（華碩）	16.37
4	TrendMicro（趨勢）	12.17
5	MasterKong（康師傅）	11.90
6	Want-Want（旺旺）	7.39
7	Giant（巨大）	3.37
8	Maxxis（正新）	3.35
9	Synnex（聯強國際）	3.17
10	Advantech（研華公司）	2.41

益於專業品牌管理的導入，使品牌的效益有明顯提升。

　到底哪些具體措施可以有效提昇企業的品牌價值呢？有心了解的經營者應先從品牌的意義出發，發覺品牌真正創造價值的奧秘。

首先，確認並強化市場定位

　大多數接受輔導的公司原先都欠缺足以形成策略定位的足夠資訊。一個品牌最重要的是給潛在顧客一個清楚的定位，讓顧客清楚知道這個品牌代表的是什麼？例如耐吉的品牌符號代表

勝利、也代表對於運動比賽的熱愛和渴望。

當然，許多台灣企業在自己最拿手的產品線上已經有相當成就，產業內的專業人士大多也知之甚詳，但若要讓廣大市場的潛在購買者瞭解公司的定位，在心中留下印象，勢必要傳達更多的訊息，且這些訊息要能把與品牌相關的差異化特點跟品牌做緊密的聯結。

許多接受輔導的企業，選擇先由統一視覺設計開始，當然商標 (LOGO) 就是最先要尋求一致性並賦予辨認任務的重點。企業在草創時所選定的商標圖樣，可能沒有經過很好的設計，或許不足以代表企業所選定的定位特質，或許公司已經多元化，經營的事業與創業時性質已經不同，如果延用原來的商標圖樣，將很難發揮品牌商標該有的功效。

通常一家公司若出現各事業部、產品線的設計，由外型、顏色或風格來看都不像是同一家公司生產的，就代表過去沒有做好品牌管理，需要開始由上而下的制訂品牌的政策。

品牌就是產品的靈魂

品牌是什麼？根據學者專家所下的定義，品牌是指名稱、術語、符號、記號、設計或上述的綜合體，用以區別賣方的產品

或服務，並可和競爭者的產品或服務有所區別。進一步說，品牌是賣方持續提供一組有特色、利益和服務給買方的承諾，最佳品牌是品質的保證。

也有學者認為品牌為一甚為複雜的符號，可傳達六個層次的意義：屬性 (Attributes)、利益 (Benefits)、價值 (Values)、文化 (Culture)、個性 (Personality) 和使用者 (Users)。行銷大師科特勒在他的著作中提到：品牌是一個承諾，是對於一個產品、服務或企業所有認知的集大成，包括所見、所聞、所讀、所感與所想。有些專家認為：品牌就是產品的靈魂，品牌幫助消費者做選擇，因為它代表了可靠的品質、形象與售價。

由於進入全球市場代表需要突破文字可能造成的障礙，品牌已經由文字名稱發展為全球消費者更容易辨認的符號。品牌的名稱有時不一定為消費者所熟知，但是其商標或招牌，即使不識字的人都可以一眼認出。

台北街頭的三歲小孩遠遠看到黃色拱門型的 M 字招牌，就知道跟爸媽吵著要吃麥當勞的漢堡；在泰國偏遠的小鄉村，唯一的小雜貨店掛著的店招，往往就是可口可樂送給他們的一塊招牌，人們憑著這個招牌知道這裡有一家雜貨店。當然不用過多久，他們就記得可口可樂的商標圖案，也知道這裡販賣可口可樂。

品牌一方面是一種識別用的符號圖案，讓消費者容易認出；另一方面則是某些商品或服務的聯想。

讓消費者容易記憶

大多數成功的品牌具有強力的聯想作用，讓消費者很容易記憶，也容易和企業所要傳遞給市場的訊息連結起來。有些品牌在某些品項佔有率最高，消費者很容易聯想起特定的產品，例如看到耐吉的商標想起跑鞋，看到全錄的名字想起影印機。

有些商標代表一家公司的形象，而不限於特定產品，例如GE是一家產品多元但管理優異的公司。有些商標則刻意設計來突顯某些概念，讓消費者從心理層面的反應聯想起這個品牌的特點，例如蘋果的商標代表著創新和酷炫的設計，賓士的商標代表著成就和尊榮。企業在塑造品牌時，必須制訂清楚的目標，把品牌要連結的訊息當作重要的設計基礎。

品牌的印象存在於顧客和潛在顧客的腦海中，這種印象是累積過去對這個品牌的知識、經驗而形成的一個資訊框架。許多有名的品牌刻意在廣告上加深某個概念，使這個印象烙印在消費者的腦海裡，例如耐吉所標榜的「just do it」，已經成功地建立一個品牌的聯想。維護品牌的聯想需要特別的字眼，最好

是既新穎、又真誠及獨特的話語。

有別於競品的獨特情感位置

　　通常在提升品牌的努力上，重新探討品牌的定位是很重要的。許多企業自己所強調的品牌特質和顧客的認知有相當差距；有些企業則因為多角化或併購其他企業，外面對該公司的印象已經和過去不同。這些情況下，品牌有必要重新定位，最好能進行市場上的調查研究，特別針對使用者的意見，列出自己品牌的特點和優勢，找出有別於其他競爭品牌的獨特位置。

　　現在許多公司用知覺地圖 (Perception Mapping) 方法，研究自己的品牌與競爭對手在消費者心目中的差異性，以調整自己品牌的定位。品牌的定位除了功能、品質等構面的差異以外，常與品牌在消費者心目中的印象有關；消費者的態度與偏好等感性因素佔很重要的份量。

　　企業可以從消費者知覺分析，有效發覺消費者對特定品牌直覺上的反應，例如他們認定一個品牌是可靠的、創新的、豪華昂貴的，或者是負責任的等等。針對這些分析，企業的形象廣告應該反應出公司的屬性，同時讓消費者產生情感上的共鳴。品牌的影響力在於消費者的情感投入程度，知名的品牌往往能

藉由一些特色維持顧客長久的關係。

宏碁改名計劃：四個英文字母，兩個音節

過去二十年台商努力在全球各地建立自有品牌和通路據點，但僅有少數領先廠商能建立起基本的規模，其中較為成功的是宏碁。宏碁歷經艱辛，創造出 Acer 這個世界知名品牌，由於施振榮先生在品牌上的堅持，終於能克服各種困難，使宏碁成為個人電腦世界的重要品牌。

早期宏碁以 Multitech 為國外市場之品牌，但是規模逐漸擴大後，發現在許多國家裡已經有其他公司登記 Multitech，於是啟動了一次重要的改名計劃。根據宏碁高層主管擬定的一些原則，一家澳洲顧問公司幫宏碁選出「Acer」這個名字。

Acer 是由拉丁文衍生而來的，代表積極、活潑、智慧和敏捷。Acer 只有四個英文字母、兩個音節，很容易唸，又因以 A 為開頭，按字母排列名冊時通常出現在前頭。隨著新的名字和商標，宏碁積極地推動一系列的品牌推廣計劃，有效地成為一個世界性的品牌。

不過為了生產可以達到經濟規模，宏碁一直兼做 OEM 和 ODM 代工製造，即使宏碁積極推廣自有品牌，業務中仍有一

大部份營收來自 IBM 等公司的代工訂單。2001 年當 IBM 決定放棄零售 PC 的業務時，代工訂單急速萎縮，宏碁除了裁員因應，立即著手進行集團的重組再造，將代工業務切割，成立緯創專注於代工。而宏碁本身則不再以製造為核心事業，新的宏碁專注品牌行銷，不再生產自己的電腦。

施振榮將宏碁董事長的棒子交給王振堂，又出人意外地僱用義大利籍主管蘭奇為執行長，蘭奇率領全球團隊成功地拓展筆記型電腦的市場，經過幾年來的勵精圖治，並且併購捷威電腦，2007 年成為全球第三大的 PC 品牌。宏碁快速轉型，以因應產業環境的改變，因而可以突破困境，再展雄風。

但是在筆記型電腦領域的卓越成就，或許讓宏碁忽略了智慧手機、平板電腦所造成的衝擊，或許也低估了蘋果 iPad 對 NB 的殺傷力。2011 年第一季，宏碁發佈降低財測的消息，引發一連串組織再造行動，蘭奇與董事會對於宏碁的發展策略無法取得共識，突然離職，造成震撼性的新聞。

案例 **2**

巨大品牌再造：啟動探索的熱情

巨大 (Giant) 是台灣自有品牌企業的一個典範，創立於 1972 年，早期靠著較好的品質管理成為大廠的代工廠，但是由於依

賴單一客戶 Schwinn 而遇到客戶突然轉單的困境。在瀕臨關廠的慘痛教訓後，巨大毅然決然地以自創品牌「Giant」走進國際市場。

由於堅持做品牌的熱情，巨大不斷創新，拓展全球市場。一方面研發更高級的自行車，另一方面積極佈建國際通路，重視售後服務，歷經二十多年，終於逐漸在世界各地開花結果。為了從 OEM 走向自創品牌，巨大努力學習全球經營實務，將自己視為無國界的獨立實體，善用各地人才，充分授權海外子公司自主管理。這種和各地伙伴共同打拼的管理方式顯現出全球混血經營的模式，運作十分成功。巨大也大手筆贊助車隊參加世界知名的自行車大賽，並研發出世界級的登山越野車，因而品牌聞名全球。

2006 年巨大組成品牌再造小組，聘請 Interbrand 擔任顧問，為 Giant 進行品牌調查與分析。根據調查分析的結果，Interbrand 建議 Giant 將品牌精神重新定義為「啟動探索的熱情」(Inspiring Adventure)，其中包含了五個信念：頌揚騎乘經驗、拓展無限可能、超越自己、呈現真實和珍愛自然。這次的品牌再造等於賦予逐漸老化的品牌一個新生命，注入了新的活力。這幾年 Giant 的品牌價值有明顯地提升。

第三章

台灣業者的品牌困境

近年來，經營品牌成為台灣商業經營者所共同關注的焦點。宏碁施振榮先生的「微笑曲線」是大家所熟悉的（見圖一），大意是在商業經營中，利潤最高的落在上游的研發以及下游的行銷兩端。中間的製造則是毛利最低的商業活動。品牌經營正是行銷活動的主軸，也是微笑曲線右端的利潤來源。

許多人談到品牌時，多喜歡引用全球 10 大最有價值的品牌來說明品牌的重要及其效益。然而，品牌既有如此的魔力與魅力，為何至今真正成功打造品牌的企業卻少之又少？

追根究底，品牌經營的成果固然有其美好的一面，品牌的經營過程，卻有更多不為人知的風險。簡單來說，微笑曲線不只

適用在利潤層面，也適用在經營風險的描述上（見圖二）。換言之，研發與行銷的利潤比製造大，但其風險也比較高；製造這一塊的利潤雖低，但風險也低。

這其實是投資上不變的道理，亦即利潤越大，風險也越大。OEM 製造的競爭者眾，利潤較低，但相對只要訂單接到手，風險也低。品牌經營則完全不同，經營品牌，其實是經營消費者心目中的品牌印象。這牽涉到如何與消費者溝通品牌的意義與價值問題，與 OEM 找訂單的心態完全不同。因此，要從製造轉型成為品牌經營者，不只是做法的轉變，心態的改變才是真正的重點，也是最困難的部份。

圖一 微笑曲線：商業經營中的利潤曲線

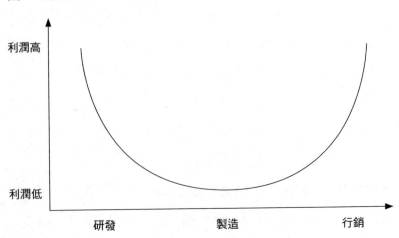

需習慣成果並非立即可見

擁有一個強勢品牌，是許多行銷人以及企業主的夢想。然而，一旦提到經營品牌時的投入與風險，也使許多人望之卻步。品牌經營的成果固然誘人，但失敗的風險也相對很大。對以代工產業起飛的台灣企業主而言，要從代工的模式轉向品牌的模式，除了經營模式的改變之外，心態的轉變才是轉型品牌經營的關鍵。此種心態的轉變，可以從幾個方面來說明。

從「訂單等於營收」的心態，轉為「投資品牌權益之無形資產」：訂單是可見的資產，在代工業中，一旦確定收到訂單，營收就掛了保證。然而，品牌是無形的資產，一個廠商可能在

圖二 新微笑曲線：風險永遠伴隨利潤

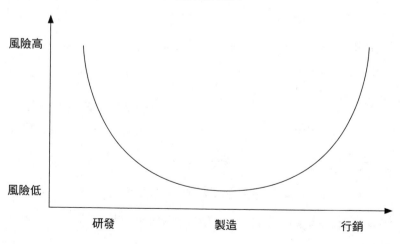

品牌上投資了許多金錢與時間，然而卻無法保證一定可以看到應有的成績。

舉例而言，品牌經營的核心活動之一，是與消費者間的行銷溝通。就消費品而言，這包含了廣告、公關、促銷、網路行銷，以及直效行銷等活動。這些活動都需要花費大筆的經費，然而卻無法確定是否能達成希望的效果。由於溝通的效果，例如記憶、態度等，多半是在心理層面，既不易測量，也無法直接與銷售畫上等號，對於習慣接訂單的 OEM 廠商而言，是很大的考驗。能否堅持品牌之路，也就成了許多人是否要走到品牌經營 OBM（Own Branding & manufacturing 建立自有品牌）之路不確定的來源。

從「短期高周轉率」的生產設備以及業務投資，轉為「長期」的品牌投資：如上所述，品牌的投資是長期的，短期內往往看不出具有成效的投資報酬率。世界上絕大部份的知名品牌，都是長期經營的成果。米老鼠已經年過 70，Hello Kitty 誕生於 1974 年，迄今也已經 36 歲了。環顧 Interbrand 每年上榜的百大品牌，多半是長期經營的品牌，公司也都抱著永續經營的觀念長期努力。由於做品牌是要在消費者心目中建立深刻的印象以及有所偏好的態度，而品牌在市場滲透的速度通常都很緩慢，因此經營品牌者必須要有長期抗戰的心理準備。

當成果不具體，維繫變得困難

品牌經營的效果是無形的，固然品牌經營最終的效益應該要反應在銷售上，但心理效果是銷售成果的前提，如品牌知名度以及品牌偏好等，這些也是極為重要的品牌經營的指標。然而，許多長期浸淫代工業的經營者，不容易習慣需要長期投資卻不易見到具體成果的經營模式，尤其當品牌經營的成果是由看不見的心理效果來衡量，更不易堅持長期投資。

品牌經營這件事，創業不易，守成更困難！建立一個強勢品牌固然困難，要守住成果更難。一個成功的品牌容易樹大招風，往往一個疏忽，就會因為一些公關的危機事件，而遭到難以解決的問題。以名人品牌為例，老虎·伍茲 (Tiger Woods) 的外遇事件，幾乎讓他個人長期以來建立的信譽，一夕之間崩盤。越是大的品牌，越容易在公關危機中受到重大創傷。因此，維繫品牌資產，成為長期投資經營品牌的另一項核心課題。

從以上論述來看，好的品牌固然可以使經營者獲得長期的競爭優勢，在品牌經營上卻也是一個充滿風險以及困難的過程。經營品牌，可說是藝術與科學面兼具的過程：品牌的整體策略設計是一種藝術，有賴經營者對市場的了解與經驗的判斷；然而，在實際經營的過程中，有許多資訊的收集與判斷解讀，需要透過較為客觀的資料來輔佐決策。

消費者的喜好和習慣是什麼？

台灣許多大企業以專業代工起家而建立了相當規模的工廠，但是由於沒有掌握品牌，因此市場訊息往往是由委託代工的顧客獲得，企業本身缺少與終端使用者 (end user) 接觸的經驗，這是我國製造廠一項重大的缺陷。

沒有接觸使用者，最大的損失是缺少了解需求和創造產品觀念的機制，我們的製造廠即使有優異的設計能力，能根據顧客的規格很快地設計出令顧客滿意的產品，但是對於如何預知市場趨勢、制定功能規格等能力就顯得非常不足。於是只能成為快速追隨者，難以成為創新的發明者。

行銷通路在現代經濟活動中佔有十分重要的地位，隨著全球化的自由經濟發展，以及網際網路所促成的電子商務興起，通路結構、功能與角色都正在形成革命性的典範移轉。未來的企業必需瞭解這些轉變的涵意，以作為企業策略規劃及重要決策的參考。

能否不間斷傳遞「一致」訊息

一旦企業明確決定品牌定位後，就要依照所建議的差異化特性，設計溝通的訊息。訊息的溝通有三個要點：一致、清晰、

持續。首先是在市場上顧客可能接觸到的每一點，規劃一致性的訊息內容。

維護品牌需要特別的字眼，而且是「新穎、真誠及獨特」的話語！不管在公司的年報、會議或對顧客及社區傳達的訊息都不能例外。常見業界在行銷溝通中採用行話、刻板或含糊其詞的字眼，然而這些沒有辦法產生行銷效果，反而顯示企業忽略了顧客的需求及期盼，尚未準備好要在消費者心中建立品牌。

舉例來說，儘管行銷領域說要「擁有」客戶，組織多半試圖採取既機械化又不人性的做法──每六個月寄給客戶一封信，或將他們放入長期買主計劃中。企業該做的「不只是」擁有客戶，而是要了解甚至愛護他們，並從中學習；唯有真正了解使用你產品的是什麼樣的人，才能在顧客生活中受尊重地、溫情地佔有一席之地。這需要良好的市調、持續地對話、謹慎地傾聽及專注地奉獻才能達成。

案例 **3**

惠普經驗：隨時關注市場定位

惠普因是否分拆電腦部門而廣受全球科技廠商關注。2011年是惠普第二年得到全球品牌價值第十名。惠普是一家歷史悠

久，以技術起家的科技公司，早期在電子儀器領域為領導者，後來陸續進入迷你電腦、個人電腦和印表機領域，現在是世界上最大的科技公司。

惠普的傳統作風一直較低調保守，專心經營本業，重視發明和品質，並沒有刻意經營品牌。但是藉由產品和服務的口碑，讓 HP 兩個字成為響亮的名字。在品牌識別的努力上，早期惠普的產品雖是工業用，但是設計上非常注意識別 (identity) 的功用，不論商標或產品外型都保持相當的一致性，奠定不錯的基礎。

進入商用電腦領域後，惠普警覺到除了製造行業外，大多數企業並不知道 HP 品牌，從而開始重視行銷溝通，並編列大筆預算在商業報紙雜誌刊登廣告，也利用密集的研討會、展示和廣告，讓一般企業主和專業經理人多了解惠普。

1980 年代後期惠普的品牌開始在一些企業受到歡迎，惠普對外的宣傳口號 (slogan)，為適用於該公司所有產品線的一句話：「A Better Way」，意思是指惠普利用產品和服務為顧客提供「一個較好的方法」。

由於持續出現在印刷文件和廣告上，這段時期惠普的品牌在商業市場中逐漸廣為人知。1990 年代進入個人電腦和印表機市場後，惠普更體認到品牌知名度和顧客喜好度的重要性。

品牌價值高於有形資產

惠普在 1998 年曾經委託顧問公司研究過自己的品牌，當時就是由 Interbrand 承辦，經過調查結果，估算當時 HP 品牌的總價值，略微高於有形資產的總價值。

有形資產包含了土地、廠房、設備和材料，惠普的品牌已經價值非凡，董事會和高層決策者因此更加深經營品牌的決心。

在菲奧莉納 (Carly Fiorina) 任內花費鉅資重新設計商標，以「Invent」的文宣口號強調惠普「車庫發明」的精神，她編列預算大打廣告，加上她個人在公關和媒體方面的魅力，使惠普的名聲更上層樓。

賀德 (Mark Hurd) 接任後，為了在個人電腦市場擺脫低價競爭的困境，特別要求相關主管針對消費者需求，設計出具有特色的產品。例如，筆記型電腦的外殼用了一種 film transfer process，名為「Imprint」的開模技術，使設計師在外殼設計上可以兼顧耐用和流行。

另外還增加了一些娛樂方面的特性，例如邀請有名的流行樂團做廣告代言人，打響了惠普在娛樂生活方面的名氣。根據一項新的調查和研究，惠普確定消費者知覺並欣賞下列惠普獨有的特質：

Optimistic	樂觀的
Human	人性的
Trustworthy	值得信賴的
Inventive	擅於發明的
Quality-driven	品質驅動的
Dynamic	容易行動的

成為強勢品牌較能提高終端售價

在品牌定位上，HP 聚焦於「對於事業和生活重要而且攸關的科技」這個使命上，期望真正為顧客創造不平凡的價值。在廣告和文宣上則使用一句口號標語：「Computer is Personal Again」，強力主張電腦的設計必須針對個人的需求，要將創造電腦價值的主導力量交還給個人。

這些努力沒有白費，惠普的品牌價值從 2000 年的 179 億美元，全球排名第 15，攀升到 2010 年的 268 億美元，排名進入 10 名，十年內品牌價值成長了 49.4%。

好的品牌最重要的價值就是可以讓產品賣得較好的價錢。一部賓士車的售價，往往比同級的其他品牌汽車高出百分之三十到五十；青少年穿的籃球鞋，耐吉的售價至少高出百分之十，

如果是喬丹代言的鞋，高出更多。

北京大學曾經調查筆記電腦的溢價率，發現聯想、IBM 和索尼 (Sony) 名列前三名，聯想的溢價率為 17.1%，IBM 和索尼均為 16%。消費者願意為他們喜歡的品牌付出較高的代價，原因在於對產品較有信心或是產品是身分的象徵等。即使是 IC 這類工業性零組件，英特爾和三星的報價往往可以高過同等級產品百分之五以上。這就表示品牌具備溢價效果。

透過品牌延伸策略，可使利潤倍增

企業在主力產品成功之後，若能藉著主力產品的品牌形象拉拔其他產品，不但使行銷經費的槓桿效益激增，而且形成的品牌傘效應能夠保護後續的產品，即使有些產品的競爭優勢不如對手，也會因為顧客對品牌的鍾愛而受到照顧。

以惠普的影像事業為例，雷射印表機的成功，立即為其他印表機拉開保護傘。最初購買雷射印表機的，有些是用於寫研究報告的教授，有些則是企業的電腦中心主管，他們使用 LaserJet 的成效非常好，因此喜歡上 HP 的品牌。等到惠普的噴墨印表機推出時，教授和電腦中心的主管率先在家裡購買 HP 的 DeskJet 產品，他們相信噴墨列印產品的品質一定也會

不錯。這是一個姐妹品牌得到保護傘的絕佳實證。

因此 Jet 變成 HP 品牌傘之下的家族品牌傘,藉由這個品牌傘,雷射印表機的成功幫助了噴墨印表機,後來掃描器也加上 Jet 家族的字樣,成了 ScanJet,在市場上也廣受歡迎。連事務機 OfficeJet 系列產品的命名,顯然也沿用品牌延伸的策略,不論二合一、三合一或四合一,都非常成功。

可惜惠普的數位相機並沒有用同樣的手法,在美國以外的市場表現就不盡理想,如果取名為 PhotoJet 或 CameraJet,相信會好賣得多。

為姐妹品牌拉開保護傘:HP 的策略

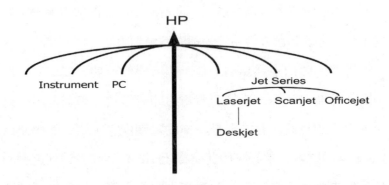

案例 **4**

英特爾次品牌命名策略

在公司品牌之外為家族另創造次品牌的有名案例還有英特爾。早期英特爾和許多科技公司一樣，給予每個產品一個用數字號碼代表的型號，例如一個四位元微處理器型號是 Intel4004，八位元微處理器較為暢銷的有 8008 和 8080 兩種。

一九七八年，英特爾推出 8086 微處理器晶片，由於這顆晶片具備十六位元功能，是一款極為成功的產品。到了一九八二年他們推出 286，沿用 x86 的編號，應該是期望使用者記得這是 8086 一系列的家族產品。由於這個品牌延伸策略奏效，後來又推出 386 和 486，充分得到家族品牌保護傘的效益。

一九九一年，因為無法得到 x86 系列註冊商標，英特爾面臨 x86 品牌是否繼續沿用的抉擇。當時主要競爭對手 AMD 也推出 AMD386，讓使用者相信這和其他 386 系列的晶片一樣好，於是英特爾想出了一個新的品牌行銷策略：Intel Inside。

由於該品牌打造計劃的推動金額高達一億美金，所以在公司內部引發很大的爭議。許多經理人認為這些錢應該拿來研究發展，畢竟作為一家將關鍵零組件賣給電腦製造商的上游供應商，英特爾並無建立 B2C 品牌的絕對必要性。不過 Intel Inside 在當時的總裁葛洛夫 (Andrew Grove) 的大力推動下，成為高

科技產業公司有史以來最成功的品牌打造計劃。

在當時，每一家加入這個計劃的電腦製造商，都可從英特爾得到採購金額 6％的補貼，此一補貼金額存入一個市場開發基金，如果電腦製造商在其產品和廣告上標示英特爾的品牌名稱和標誌，最高可補助電腦製造商廣告金額的一半。後來因為下游廠商十分配合，雖然整個活動的經費超過一億美金，但為英特爾公司創下非常獨特的品牌競爭優勢。

有了這個成功的策略和市場優勢後，當 AMD 率先推出 586 時，英特爾大膽以奔騰 (Pentium) 品牌取代數字型號！一般消費者比較習慣記憶文字構成的品牌，數字只能吸引工程師注意，英特爾改用 Pentium 作為家族系列的品牌名稱，讓消費者容易記住和轉述，因此成為更知名的家族品牌，創造了巨大的延伸效益。

因應競爭對手的混淆命名：Intel 的策略

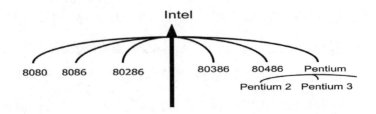

以「三品」原則強化品牌優勢

許多公司誤以為建立品牌主要靠廣告，他們為廣告花了大筆經費，以為建立知名度就是做品牌，這是許多廠商犯的錯誤。做廣告的結果，只是讓更多人知曉品牌名稱，卻未必在購買者心目中留下正面的印象。

做品牌要先從「品」字做起，也就是「品質」開始做。產品和服務品質做得好，讓消費者留下印象後，他們願意告訴親友，就建立了口碑。有了品質和聲譽，接下來要講究「品格」，品格關係到商業道德，百大品牌大概都不會是扯爛污的公司。

品牌與企業形象息息相關，有意經營品牌的公司應該多介紹公司的背景、故事和人物。許多公司的廣告急著推廣產品，忽略好的品牌是帶有人格特質的，比如：創新、服務、誠信、前瞻、可靠等，就是這些元素使人看到品牌時產生聯想。

最後，品牌不但代表一種品質和品格，同時也是時尚、風格和身分地位的象徵，代表一種「品味」。建立一個品牌獨特的造型或意境有助於吸引具品味的顧客，他們往往願意為品牌的特色付出更高的價錢。品質、品格和品味，構成堅實的品牌基礎。而經營品牌則能為企業四兩撥千斤，成為主要獲利來源。

第四章

品牌顧問能做什麼？

　　許多台灣公司的經營者想要建立自己的品牌，尤其是科技業者。由於長期從事代工業，缺乏品牌經驗，他們常常期望能有一個品牌顧問，從旁協助他們建立品牌。這時候企業管理顧問就能派上用場。從麥肯錫 (McKinsey & Co.) 以來，企業管理顧問不斷協助企業解決各項管理上的問題。從組織重整、財務規劃、企業整體策略、品牌策略與規劃、乃至於行銷策略等，都是企業管理顧問擅長處理的範疇。

　　然而品牌顧問也非萬能，任何一個單一的計劃，都不可能達成品牌建立的任務。品牌的經營是長期的工作，不是任何一

項單一計劃所能完成的。對於顧問而言，與業主的產業接觸時間短，必須在短暫的計劃執行時間內，迅速了解客戶的產業特性，並正確分析客戶真正問題的核心本質，最後又要能提出有效的策略建議，這是品牌顧問所面臨的最大挑戰！

　　一般而言，在執行一項專案時，品牌顧問會透過一些基本程序來了解客戶的產業，以及分析其所面臨的問題。通常這些程序是社會科學的方法。

找出問題的根源

　　為品牌進行診斷時，首要工作在於確認問題點。業主往往會提出一些表層的問題，或是最終端的問題點，例如銷售業績不佳，或是品牌不夠強勢等。這些問題都是很大的問題，其成因可能極為複雜。

　　顧問的任務，就是與內部人員進行訪談，並檢視企業內部資料，在過程中抽絲剝繭，找出問題的根源。通常顧問在訪談的過程中，會發現不同部門的人員有著不同的觀點，對同一個問題的看法也南轅北轍。因為立場不同，往往會有不同的觀點。而顧問的責任，就在於以客觀角度釐清問題本質，找出問題的根源。

建立幾個假設

從第一階段的內部訪談，以及內部資料檢視，顧問歸納出可能的問題，並依此做出假設。「假設」是對問題的成因所做的「推論」。

在西方社會科學的傳統中，假設通常是可以實證資料驗證的。從第一步的內部訪談以及資料檢視中，歸納出可能的假設。接下來便是從外部收集資料，來驗證假設的真偽。

舉例而言，一個公司覺得自己的品牌不夠強勢，因而尋求品牌顧問協助，此時顧問需要決定品牌知名度以及價值不足的原因為何？和內部人員訪談及檢視內部資料後，顧問歸納品牌不夠強勢的原因可能是：(1) 行銷溝通不足，(2) 產品品質不佳，(3) 通路系統不足。當然，這些假設可能同時成立，或部分成立，因此需要一一檢驗，才能確認哪些是造成品牌問題的主因。

確認改善的方向

針對假設進行檢驗，目的是為了確認改善的方向。以上例而言，需要檢驗行銷溝通、產品品質，以及通路結構，以了解何者是造成品牌問題的主因。在行銷溝通上，首先應檢視行銷溝通的目標以及經費，是否行銷經費的執行率低於預期？其產生

的效益，是否達成管理階層預設的目標？也可以與競爭者的行銷支出做比較，是否低於應有的水準？

　　其次可以檢視產品品質。從顧客以及經銷通路的角度，了解產品品質是否符合顧客的預期？以及價格與品質間的關係，是否達到「有價值產品」的標準？

　　最後可以檢視通路的結構，是否能有效率地達到通路以及品牌的目標？通路對品牌的影響和效果為何？在過程中找出品牌的問題點，並擬定策略，以解決品牌不夠強勢的問題。

提出結論，並擬定策略

　　在品牌診斷的過程中所產出的假設以及驗證，應可以給顧問足夠的資料以及證據，來對品牌的問題點提出建議。例如，若發現問題的癥結點是在行銷溝通，即可進一步針對行銷溝通的問題，提出改善的計劃。

　　行銷溝通未必要靠做廣告，如 B2B 的產品並不適用廣告，B2C 的產品則較適用廣告的策略。除廣告外，還有許多可以配合運用的工具，如公關以及促銷活動等，也可以作為整合行銷溝通的媒介。而具體整合行銷溝通的內容，便有賴於各項溝通工具的協調運用。

同樣地，如果品牌的問題在於產品品質或是價格，則需要回去檢討品質的問題，這是最基本面的問題，必須先處理。如果問題在於通路，就需解決通路的問題。

最後交由業主執行

在對顧問的結論達成共識後，業主應該依據顧問的建議，或是視可行性自行加以修改，擬定出符合策略的執行計劃，並且一步步加以執行。郭台銘有一句名言說：「魔鬼藏在細節裡。」這句話的真義在於，策略擬定的再好，沒有細緻且強而有力的執行力，一切都是徒然。

因此，顧問案最後能發揮的效益有多少，實有賴於業主對顧問案結論的接受度，以及對策略建議執行的能力有多強。

案例 **5**

已有忠誠客戶的小品牌，如何提升形象？

一家銷售端點系統機器 (POS) 的廠商，想要強化其品牌資產，因此請求品牌顧問的協助。在此專案中，品牌顧問首先檢視該公司的產品、現有品牌形象，以及其行銷組合。

經過與公司人員以及經銷商的訪談，並檢視公司內部資料之後，發現該公司已有 20 年歷史，公司本身的經營理念包括：卓越的產品品質是公司最大的資產；踏實地滿足顧客的需求，不斷追求新的技術與科技，以達成永續經營的理念。在其經營理念下，公司的業績以及顧客群逐漸發展成今日的規模。然而，公司覺得品牌的知名度不夠理想，希望能將品牌打造成業界品質的標竿。

了解上述背景後，再進一步觀察公司的行銷組合，發現無論是經銷商或是客戶，對公司產品的品質皆有相當程度的認同，即使沒有購買該公司產品的顧客，對其產品品質也有一定的好評。公司本身的客戶，也多屬於忠誠度高的客戶。

然而，包含公司本身經營層在內，都承認產品的售價較高，這是行銷策略上的弱點。於是，顧問關注的焦點開始轉向競爭者的分析，包含不同競爭者的目標客層，以及各個客層的消費行為，和設備採購的標準。

經由分析發現，除了專事 POS 機生產的廠商，還有許多大型的製造商，如 IBM、HP 等，也都有同類產品。由於該公司定價較高，在爭取消費者的時候，就要和大型的品牌商，如 IBM 等公司來競爭，這點對該公司而言較為不利。

於是問題的焦點開始浮現，即針對目前較高的定價，該如何

和其他大型的國際廠商競爭？該公司產品品質固然優異，但機器設備的採購，性價比（Price/performance ratio，指性能與價格之間的比例關係）至關重要。即使產品品質較佳，但價格昂貴會使該公司的競爭力削弱。再加上面對國際品牌大廠，產業裡呈現獨佔式競爭 (Monopolistic competition) 的局面。此時公司的品牌策略應該如何思考？

品質雖佳，卻難敵大廠的知名度

在獨佔式競爭中，有幾家主要的品牌大廠市佔率較高，而其他則是許多較小的廠商。該公司的第一步，就是先確認自己的競爭者是誰？以及這些競爭者所共同爭取的目標市場為何？

由於國際大廠不只生產 POS 機，還生產其他許多類型的資訊科技產品，而且以品牌地位而言，要在短期內趕上這些品牌大廠並不容易。因此認定競爭者時，應先排除這一類的國際品牌大廠。而在與其他廠商的比較中，品牌知名度差異並不大，但以產品品質而言，本廠商是較佳的，所以應優先處理價格較高的問題。

此時顧問的思考轉向兩個方向：一是鎖定目標客層，二是強化顧客認知的品牌價值。以本廠商的特性而言，由於在市場上

已有 20 年歷史，在顧客群間擁有一定口碑，因此降價並非最適當的策略，降價的結果對於品牌的殺傷力更大。反而選擇適當的客層，亦即重視「產品品質穩定」甚於「購置成本」的客戶，是一大重點。另外，如何針對目標客層溝通產品品質則是另一項重點。

至此，品牌策略的思考已具備雛型，亦即考量到所有產品、品牌、市場，以及競爭者的因素，從中消除不當的假設，最後將焦點集中在目標客層的選擇，以及如何進行品牌溝通上。

從一個簡單的品牌價值的觀點來看，品牌價值＝品質／價格。雖然該公司的分子（品質）很高，但其分母（價格）也不低，因此消減了品牌的價值。由於產品品質沒有問題，因此品牌溝通便成為重點。

找到願意花錢買品質的客戶

行銷溝通有四個主要的決策點：一是溝通對象，二是訊息內容，三是溝通管道，四是效果衡量。

如前所述，該公司主要溝通的對象，應該是能接受較高建置成本，但需要產品品質穩定的客戶。因為品質穩定的產品，可以使後續的維修成本降低，以至於總使用成本 (Total ownership cost) 可以降低。在使用該產品的客戶業種中，餐飲業以及零售業都有這樣的客戶，但需要進一步的市場資料來過濾選擇。

第二，以溝通訊息內容而言，有幾個訊息是可以考慮的。一是產品的耐用度，這是主要的訊息點。其次，從之前的市場研究中，發現該公司產品尚具有其他特性，例如，防水防塵，因此在惡劣的工作環境下，更能凸顯其耐用的特色。

於是，充滿油煙與水蒸氣的餐廳廚房，便成為該品牌大力表現的最佳舞台。而防水防塵的設計，就能當作最重要的溝通訊息。除了這項特點，包括現有客戶所認同的售後服務、造型設計，以及環保省電等特性，都是顧問在過程中找出的、適合作為溝通素材的產品特性。

確認要傳遞的訊息之後，還要設計溝通管道，這是最需要作全盤考量的一點。由於該公司的經營模式屬於商業機器設備B2B，不適合 B2C 類型較適用的廣告策略，因此必須思考其他的可能性。

此外，此類公司一般不習慣將大筆經費用在行銷溝通，因此在設計溝通管道時，必須兼顧溝通的成本。一些非廣告的溝通管道值得考慮，例如網站、雜誌專訪、贊助活動，乃至公關活動的舉辦等，都是小成本支出並能建立較大溝通效果的途徑。因此，前面三者的考量，可以組成下面這個三維的模型。

行銷溝通三維模型

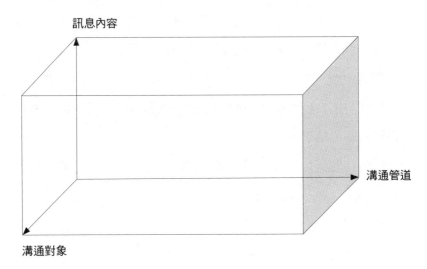

一旦這個模型方向建立，剩下的工作，就在於選定適當的組合（溝通對象、訊息內容、溝通管道），再加上執行時的努力，便可朝建立品牌的方向前進。

強化客戶對品牌的記憶及聯想

最後一個議題是如何衡量溝通的效果。在品牌改造計劃進行了一段時間後，便要檢討成效。成效的問題可以分為兩個方面來討論：一是成效的定義；二是成效的層次。

許多人會覺得，成效不外乎產品銷售的績效，因此將品牌經營的成效，定義為「銷售量」的增加。這樣的定義，從結果論來看並沒有錯，然而卻把品牌的效用狹窄化了。

如前所述，品牌的意義，在於消費者如何看待這個品牌，以及消費者腦袋中對這個品牌的定位以及聯想，而銷售則是品牌最終的產出結果。

在最終的消費行為之前，消費者對品牌的態度、記憶以及聯想，都應作為品牌經營成效定義的一部份。因此，除了銷售量之外，消費者對品牌的態度、聯想以及記憶的內容，都應是衡量的指標之一。

其次，就品牌經營成效的層次來說，整體品牌形象的改善，以及整體權益的提升，固然是最重要的指標。但因為品牌溝通是針對不同的消費族群，傳遞不同（但具整合性）的訊息，並使用不同的溝通管道，因此這些不同的面相，也會對整體的品牌權益有所貢獻，其個別的效益，也需要有個別衡量的指標。

舉例而言，以本顧問案來說，可以分別衡量不同溝通管道的效果。例如，使用社群網站進行品牌行銷，社群網站造訪的人數以及互動關係，可以作為指標之一。而對個別活動或事件的贊助，也可以在事件過後，衡量媒體報導的數量，以及目標客層對該事件以及品牌記憶的程度，以此作為個別溝通工具成效

衡量的指標。其他如雜誌專訪，或是研討會的參與，也可以針對這些特定的工具，設計個別衡量的指標。

檢視成效，再做修正

當然，這些個別工具的使用，最後都會增加整體品牌的權益。對整體品牌權益的衡量，仍然可以用「記憶、態度、購買」這三個主要構面來衡量。要注意的是，這些衡量指標需要有一個比較的基準，才能了解針對品牌所進行的行銷專案，是否確實有成效。

這表示在專案開始之前，需要進行一次衡量作為基準（亦即 Baseline 的前測），專案結束之後，再進行一次衡量。以兩次衡量的差距，作為品牌經營成效的指標。有了整體與個別項目的指標，也可以用「迴歸」等預測模型，來看哪些工具成效最佳，而哪些工具較無預期的成果。這時再檢討可以改善哪些工具的執行作業，據此擬定下一年的品牌計劃。

品牌顧問的工作是科學與藝術的結合，需要多方面的知識、技能與經驗，才能完美地執行一個顧問專案。從上述案例，可以看到企業如何透過品牌顧問案的協助，分析品牌的現況，再運用品牌行銷的工具強化自身的品牌地位。當然，每個品牌面

臨的情形不同，所需要的經營方式自然也有所不同。但萬變不離其宗，建立強勢品牌是許多廠商的期望與願景。透過專業品牌顧問的協助，可以為自己的品牌帶來新的契機。

【行銷多寶格 1】神秘客
【功能】檢視品牌接觸點、收集競爭者資訊

檢視消費者得到的 品牌印象

[個案 1]

P 公司的維修部門經理帶孩子去逛電子資訊商場，他想買印表機墨水匣跟 USB Flash drive，閒逛時也順便走到有販售自家產品的樓層看一看，他的公司銷售的是家庭影音產品。

正巧，銷售人員在跟消費者介紹 P 公司的產品，銷售人員說：「這個品牌沒什麼特別的功能，就是性價比好。簡單講，跟別人一樣的規格，可是價錢比別人低。」這位經理在顧客維修服務方面苦心經營許久，馬上豎起耳朵，想聽銷售人員怎麼介紹公司產品的品質和維修效率？

剛巧消費者也問到，只聽銷售人員這麼回答：「維修各家都一樣，反正都是大陸生產的，故障率差不多。壞了找原廠修，等個幾天就可以了，也沒有哪家修得比較快或比較好的問題。」

P 公司的經理聽完銷售人員的介紹，馬上心涼了半截。怎麼公司講了半天「價值」、「服務」的品牌定位，到了零售點還是「性價比」、「服務沒差」呢？並忍不住懷疑，究竟還有多少錯誤的訊息在市場上被不斷傳遞著？

　　消費者對於特定品牌或產品的認識,是透過購買前、購買時、使用、維修、升級或汰舊換新等過程中的每一個經驗,累積而成的一個完整品牌印象。在消費者接觸到該品牌或產品的過程中,每一個實體或非實體的物件,就被稱為品牌或產品的「接觸點」(touch or contact points)。如產品包裝、銷售或維修人員的服務、企業或品牌行銷活動、企業贊助的公益活動、經銷通路的銷售過程,甚至辦公大樓的裝潢、企業員工的言行等等,都是品牌經營者必須謹慎管理的品牌接觸點。

　　為了檢測品牌接觸點,對於品牌定位與核心訊息是否溝通一致,品牌擁有者或企業主常會需要檢視接觸點。以零售生意為例,接觸點除了顧客與產品本身的接觸,如產品的價格、包裝、使用經驗等之外,「零售通路點」也是一個對於顧客的品牌認知有重點影響的接觸點。

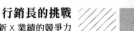
　　檢視零售通路接觸點，包括產品陳列的方式、零售店銷售人員對於品牌的介紹、定位以及宣傳的內容，這些都非常的重要。除了由廠商自行與零售點作溝通，達到廠商想要的溝通目的外，近年來「神秘客」(Mystery shopper) 也成為廣泛運用的作法。神秘客是指透過一個或一群匿名的消費者，針對特定的品牌或產品，到零售點進行資料蒐集，進而成為企業或廠商做出決策的考量重點。

神秘客的功能與任務

　　一般而言，神秘客這種工具主要用在三個領域：檢核零售店面品質、蒐集特定資訊，以及檢核員工的表現品質。

　　檢核零售店面品質：包括銷售人員的態度、銷售技巧、產品知識、操作示範的熟悉度、服務、以及店內銷售行為。

　　蒐集特定資訊：運用神秘客在指定的零售點蒐集特定資訊；神秘客可能假裝為消費者，也可能只是作為觀察員在旁記錄。透過蒐集特定的資訊，可以知道通路商的認知與廠商的認知是否相同，業務回傳的通路資訊與真實狀況是否有落差等。可蒐集的特定資訊包括了以下：

1. 消費者行為：消費者走進店面時第一個注意到的商品，問銷售人員的問題等。

2. 零售店員互動行為：店員是主動接近顧客還是被動等待顧客詢問、銷售產品的方式、會提供多樣品牌選擇或只推薦單一品牌等。

3. 品牌認知與偏好：銷售人員對於各個品牌的賣點介紹、品牌定位解釋等。

4. 店面佈置物擺置與維護：廠商的吊旗與海報等宣傳物是否被正確放置、宣傳物是否適合通路環境等。

5. 競爭狀態：通路認知裡賣得最好的產品／品牌，以及賣得好的原因等。

6. 特定行銷活動之執行與檢核。

員工表現品質檢核：員工表現品質檢核主要運用在服務業上，如餐廳、飯店等。若想要知道員工的服務態度是否良好，不能只看顧客滿意度，因為顧客滿意度調查是蒐集過去、已發生的資訊，若想要了解更即時的員工表現，可以派神秘客來體驗、進行資訊的蒐集。

神秘客應用範圍

只要是 B2C 的產業，公司的商業模式需要有人跟人的接觸，大體都適用。所以包含了零售店面、飯店、餐廳、醫院、銀行、維修服務部門等，皆是神秘客可以應用的範圍。另外因為消費者意識的提升，公共服務部門也開始廣泛應用神秘客來進行資訊的蒐集。

神秘客關鍵成功因素

由規劃開始，包括執行過程、報告格式、被檢核對象以及神秘客本身的特質，都是神秘客方案是否能成功的關鍵因素。如果沒有縝密地規劃和檢核這些因素，即便投入再多資源，神秘客方案仍然可能無效。

神秘客方案必然是一個中長期的完整規劃，因為神秘客的報告重點可能會成為重大決策的參考，因此一定需要一個嚴謹的規劃過程。

神秘客方案規畫包括了中長期的資源投入，不能希冀從僅有一次的神秘客執行方案就得到完整的資訊。此外，清楚明確的檢核目的與範圍、時間規劃等，也需要配合整體的行銷方案，例如配合新產品上市或通路商管理獎勵機制等。

在神秘客方案執行的過程中，需要隨時作檢討和調整（包括神秘客

● ⋯⋯ **嚴謹的規劃與執行**
‧ 中長期資源投入
‧ 明確的檢核目的與重點議題
‧ 時間規劃
‧ 執行中檢討與調整
‧ 結果檢討與改善計劃
‧ 相對應的獎勵措施
‧ 制訂標準作業流程 (SOP)

問的問題、觀察的方式等），以及做出相應的改善計劃。做出改善計劃後，最好還能擬定獎勵措施，效果才會更好。最後便是把整個過程製作為一個標準化的流程供未來執行神秘客方案使用。

及時且高品質的報告 ·················●
· 標準格式
· 記錄時間序列變化
· 文字與影音兼具
· 事實而非臆測
· 區分個案現象或普遍一致性
  現象
· 找出重點改善議題與對象

神秘客方案的報告必須要有標準格式，才能夠成為決策上的依據。因為神秘客是中長期的執行計劃，中間會有相應執行的改善計劃，所以報告中也必須記錄下時間序列的變化。

而為了觀察的客觀與周延，如果能有影音記錄會更好，書面記錄則必須依據事實而不能隨意猜測。另外很重要的是，神秘客報告需要區分所發現的現象是個案還是擁有普遍一致性？這會影響到改善計劃。最後報告的結果便是要找出重點改善的議題與對象。

被檢核對象一定要符合組織的長期目標與策略，例如，如果企業今年的目標是滲透某一特定地區或特定類型通路商，這便是組織今年的目標，在這樣的目標中配合執行神秘客方案，才會有加乘的效果。

除了需要符合組織目標與策略外，被檢核對象是否願意配合執行改善計劃，也是至關重要的，否則即便擬定了改善計劃也不會有結果。另外需考量的因素還包含改善計劃要對組織利益影響大，以及在部份情況下，例如員工績效檢核，因為可能會牽涉到個人隱私，因此需要特別注重方案有獲得被檢核對象高層的支持。

一個稱職的神秘客需要有許多特質，包括擁有產品／服務相關知識，以及市場／競爭者知識，才能在執行方案時問出有效問題，知道應該

●⋯⋯ **慎選被檢核對象**
· 符合組織目標與策略
· 被檢核對象有機會或願意配合執行改善計劃
· 被檢核對象的改善對組織利益影響大
· 高層對被檢核對象的支持

●⋯⋯ **稱職的神秘客**
· 產品／服務相關知識
· 市場／競爭者知識
· 敏銳的觀察力與記憶
· 堅持力與靈活反應

從哪些方面去測試被檢核對象。

　而因為神秘客是匿名性的，通常無法當場記錄被檢核對象的狀況，所以敏銳的觀察力與記憶力便非常重要。另外神秘客需要有足夠的意志力，例如在執行品牌偏好度調查時，若神秘客需偽裝為 A 品牌偏好者，即需要堅持該品牌態度，從該品牌態度的角度去持續問出通路的相關看法。而當快要被識破身分時，神秘客也應該要具備相當靈活的反應能力，足以因應現場狀況。

如何執行神秘客方案

　神秘客進行方式可以是最常見的親臨現場（如到餐廳、飯店、或零售點），而在特定情況下，也會裝設錄影與錄音的設備（如飯店接待處），進行 24 小時全天候的監控。錄影與錄音將可得到更多的資訊，而如何去解讀大量的資訊便格外重要。另外，純粹以打電話形式偽裝為一般消費者，也是常見的神秘客執行方式。

　在執行單位方面，可以是組織內部自行執行，也可以外包調查公司，或兩者同時採行。組織內部執行與外包執行各有利弊，若為組織內部自行執行，優勢是組織人員對於產品／服務

／產業的知識相對豐富，但也因此容易被識破，而且組織人員有限也會是執行上一大難處。

若交由外包調查公司執行，優勢是調查公司有足夠的人力，對於調查手法也相對專業，企業可以限定調查公司在特定的時間與時段造訪被檢核單位，不過，企業所需要花費的資源也會比較多。

在整合行銷溝通中的用處

獲得神秘客資訊後，一定不會成為一個單一的決策依據，而需要結合其他的接觸點檢視結果，一起做全盤的考量。根據企業的目標為何，如員工表現改進、產品服務改進、或品牌溝通改進等，再結合不同的接觸點檢視結果，才能去做一個完整的決策。

接觸點檢視的結果，會成為 IMC（整合行銷溝通）規劃的重要參考，中間持續執行的接觸點檢視，又會再度成為下一個 IMC 規劃的參考。整個過程構成一個 PDCA(Plan-Do-Check-Action) 不斷循環的流程。

創造一致的品牌經驗

［個案 1］

春夏季節來臨，為了因應容易脫妝的炎熱天氣，Claire 打算趁此轉換化妝品，而 A 品牌新推出的化妝品便是 Claire 在密切關注的商品之一。

A 品牌最近動作頻頻，不只雜誌上常看到 A 品牌的介紹，電視上更是強力放送新的春夏化妝品廣告。電視廣告中清新知性的模特兒、自然的妝效、簡單但高質感的產品包裝，都讓 Claire 心動不已，尤其是廣告詞「豔陽下依然優雅，絕不脫妝的自然感裸妝」，讓平均每小時聽到一次廣告的 Claire，實在是越來越難以控制自己的購買慾望。但畢竟 A 品牌價格不便宜，Claire 決定下班後順道去趟百貨公司，先到 A 品牌的專櫃上看看實品再說。

剛推開百貨公司的門，Claire 遠遠看見 A 品牌廣告立牌就被嚇了一跳。裝飾華麗的粉色看板上是誇張的桃紅色可愛字體，雖然醒目得讓 Claire 一下就找到 A 品牌的專櫃位置，但 Claire 總感覺有種說不出的怪異感。

到了櫃位，因為想要試妝，Claire 加入了 A 品牌前的排隊隊伍，卻在看到隊伍前端的專櫃小姐時，同樣的怪異感又浮上了心中。專櫃小姐臉上的妝效雖然精緻美麗，但濃豔的程度卻是 Claire 平時絕不想嘗試的風格，而和原本自己想買的 A 品牌化妝品強調的「自然感裸妝」之間的明顯差距，更是讓 Claire 有了強大的違和感。

原本想嘗試新產品的 Claire 默默地從排隊人潮中退出，決定還是不要被一時的購買慾望沖昏了頭，先回家查查相關產品的評價比較保險。

［個案 2］

總經理在星期三下午召集了業務主管、PM（產品經理）與MARCOM（行銷企劃）主管一起 review 新產品上市前的行銷與業務活動。

對 T 公司而言，將於一個星期後上市的幾項新產品，是該公司進入數位家庭領域的明星產品，所以總經理對於這次的上市計劃非常重視，從記者會、銷售數字、廣告、通路鋪貨、促銷活動等等，都訂定個別的績效目標，而且強調「只許成功，不許失敗」。

為了這個可能帶領 T 公司進入全新領域的新產品，公司甚至破例撥給 MARCOM 部門新台幣 200 萬元舉辦行銷活動。

其實早在星期三的會議之前，PM、業務、MARCOM 已經開過好幾次小組會議討論雙方的配合，以下是幾次小組會議的討論重點：

五月二十六日會議

行銷：「記者會的時間和場地已經預訂好了，六月十日下午二點。距離今天還有三個禮拜，邀請函下周一寄出。現在要開始準備記者會要講的內容及新聞稿。」

PM：「上次已經把產品定價和規格給行銷部了，你們就照以前的目錄做一份新的，然後整理成新聞稿就可以了。」

行銷：「除了產品規格，我們還需要公司對數位家庭的願景與長期規劃，以及競爭分析等等訊息，否則記者會就太乾了。」

PM：「我們 PM 只負責個別產品，數位家庭的長期規劃可能要找副總或總經理來講吧！」

行銷：「好，我們會來安排，不過請確定當天會有機器的 live-demo（實機操作展示）。」

PM：「展示機應該沒問題。」

六月五日會議

行銷：「新產品記者會的新聞稿傳下去，大家看一下，請提供意見。」

PM：「新聞稿跟六月十日簡報沒問題。可是工廠臨時通知，要到六月底才會出第一批貨，所以展示機可能會有問題。」

行銷：「我的天啊！沒有展示機怎麼行？數位家庭的情境都設計好了，也借到最新的 LED 大電視，如果我們自己的機器沒 ready，辦什麼記者會啊？之前不是還信誓旦旦說 OK 的嗎？」

ＰＭ：「沒辦法，工廠在趕舊產品的訂單啊！」

行銷：「怎麼會這樣！」

業務：「怎麼會這樣，你說勒？老闆要求這個月業績要成長 50%，新產品的通路一家都沒談定，哪一個業務敢 commit 量？所以當然要 push 經銷商下舊產品的訂單。不然，業績達不到你們行銷要負責嗎？」

行銷：「什麼！你剛剛說新產品的通路連一家都沒談成？那記者會結束以後，如果消費者對我們的產品有興趣，要到哪裡去買啊！」

業務：「就說是上市狂銷，暫時缺貨吧！或是就先辦記者會，產品廣告先不要上啊！」

行銷：「怎麼可以騙消費者！而且雜誌廣告檔期早就排定了。這次還有 Internet 活動，還有接下來的產品測試，這下可好了，等著開天窗吧！」

ＰＭ：「其實我本來不想說的。我本來就不看好這次新產品上市，時間太趕了。老闆也不曉得為什麼一定要現在推出，根本什麼都還沒準備好，現在這樣等於送死。」

業務：「就是啊，數位家庭的通路型態跟我們現有的都不一樣，短時間也找不到新通路，舊通路沒有一家要進貨，我也不看好。」

行銷：「你們為什麼現在才說這種話，之前大家的努力都白忙了？」

業務：「不是啊……」

ＰＭ：「我是說……」

　　表面上看起來，上述這家 T 公司的狀況是內部各種時程沒有協調好，以至於發生展示機來不及提供，通路召募來不及等問題，然而細心一點便可以發現，該公司透過這次新產品上市計劃所曝露出來的問題似乎更多。

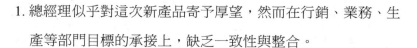

1. 總經理似乎對這次新產品寄予厚望，然而在行銷、業務、生產等部門目標的承接上，缺乏一致性與整合。

2. 雖有跨部門會議，然而與本任務相關之訊息溝通與部門間的互動，缺乏即時性與周延性。

3. 行銷、PM 與業務部門缺乏協同合作的精神，跨部門合作整合有待努力。

4. 通路策略與佈建尚未完成即推出新產品上市系列行銷活動，除了行銷成效大打折扣，若消費者對於該公司品牌與產品的信任感降低，將影響品牌形象。

　　針對行銷溝通中涉及的訊息較多而複雜，溝通對象與溝通管道更多元的情境，例如像 T 公司所面臨的諸多問題，可以「整合市場溝通」或稱「整合型行銷溝通」(Integrated Marketing Communications，簡稱 IMC) 提供有效進行行銷溝通的架構。

設計客戶得到的整體經驗

　　所謂的 IMC，其實是透過產品經驗或客戶經驗在談品牌。如下圖所示，企業經營目標是驅動品牌概念與品牌目標的最高指導原則。品牌的各個發展面向，不論是品牌概念、品牌客戶經驗，或是品牌的管理經營，一定是根據企業策略而來。

而以企業策略為起始，為了要建立品牌概念與形象，必須透過一整套系統性的，被整合好、設計好的 MARCOM 活動來傳達給客戶。讓客戶的各個接觸點 (contact point) 都是被整合好的，而客戶也在接觸各個 MARCOM 活動後，產生了企業所想要客戶得到的客戶經驗 (customer experience)。

　這也就是說，客戶經驗其實都是企業所計劃好的。針對不同的 segment（市場區隔），透過企業設計的整合行銷手法，就會給予該 segment 的客戶不同的客戶經驗。在企業長期並適當的投入後，就會與 A 族群有一種客戶關係 (customer relationship)，與 B 族群有另一種客戶關係。客戶經驗至此轉變為客戶關係，便有機會將客戶轉變成為企業的忠誠顧客。

整合行銷溝通

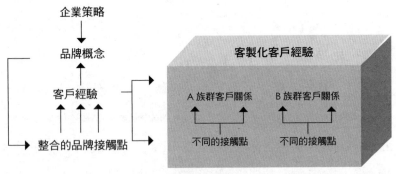

資料來源：Kellogg on Integrated Marketing

怎麼做才會有成效？

首先我們必須瞭解，IMC 是 data ●⋯⋯

driven 的思考邏輯。

重視資料蒐集與分析
（Data driven）

所謂的 data driven，就是指必須要用 data 來驅動所有的 MARCOM 活動，而不是閉門造車，包括了發展 MARCOM 組合和執行 MARCOM 活動，都必須依賴蒐集來的資訊作為依據。

例如當我們在發展 MARCOM 組合時，必須先行瞭解哪些族群的人會想要什麼東西，或者應該使用哪種溝通工具才會對特定族群的人產生成效等。又例如在執行 MARCOM 活動時與執行 MARCOM 活動之後，透過資料蒐集，知道客戶的反應、滿意度與活動結果，就可以在執行時作調整，或者作為未來規劃 IMC 活動時的重要參考。

IMC 是一個跨平台的溝通方式，●⋯⋯

跨平台的多元溝通活動
（Campaign）

涵括了各式的媒體，有著各種各樣的 MARCOM 組合，並針對不同的目標客群。

也因此 IMC 的活動計劃常是針對不同的對象與不同的溝通媒體來發展，對象與媒體兩軸形成一個矩陣，如果再加入時間軸，就會變為擁有 3 軸的 3D 形式。溝通對象、MARCOM 組合、時間，便是執行 IMC 時，最需要被周延考慮的三大項目。

單一定位／
互相整合的多元訊息 ·······●　透過 IMC 活動溝通品牌定位或產品訊息，必須基於單一的定位，但是訊息可以因應溝通對象的不同而有所差異，不過都必須要扣緊定位來發展。因為對象不同，對不同對象的溝通訊息也需要不同才會有效，不過這些訊息仍舊需要被整合在一起。

哪些東西需要被整合？

首先是組織內的平行整合，如業
務部門、服務部門和行銷部門，便
是需要被整合的對象。以新產品發
表會為例，行銷部門如火如荼準備，
訂好時間、發出邀請函、擬定新聞
稿、架好舞台，終至完成了一個非
常成功的記者會。但顧客看到記者
會的媒體報導而至店裡選購產品
時，卻發現沒貨！

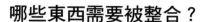 **組織內部（平行／垂直）**

因為業務部門沒有和行銷部門配
合好，所以還沒下單、或下單了但
貨還沒到，導致產品來不及鋪到通
路！這便是一個很嚴重的錯誤。無
論行銷做得如何轟轟烈烈，在市場
上買不到貨，就會是一個非常失敗
的新產品上市活動。

再來是組織內的垂直整合，不同
層級的人員同樣需要被整合。沒有
整合，總經理、各主管、業務或 PM

等所傳達的訊息可能不一樣。同樣以新產品上市為例，總經理可能在接受採訪時說：「我們會將這個新產品鋪貨到所有的 3C 賣場。我們的目標是在這些通路裡成為 TOP 2，所以從現在開始，你們到哪都會看到我們的新產品。」

可是總經理卻不知道，從行銷或 PM 的角度來看，現在推出來的新產品只適合 B2B 的市場，並不適合 B2C。總經理基於理想而說，但他並不清楚細節，而在他這麼說之後，他的下屬卻沒有辦法執行。這便是組織內沒有垂直整合好而造成的溝通誤解。

另外各層級人員的願景不同，同樣也會造成誤解。例如總經理的願景是「將企業品牌做到最大，產品附屬於企業品牌之下」，但業務人員或 PM 可能是以 product-oriented

的角度思考，溝通重點只主打產品面的訊息與特色，便會與總經理傳達出的溝通訊息不一致。而企業品牌與產品對打的現象，便會造成消費者困惑。

行銷組合 Marketing mix 指的便是 4Ps，而 4Ps 的整合同樣也是 IMC 的一個重點。假設產品定位是「高價值」，但是在行銷宣傳上，做的永遠都是買幾送幾、大折價的促銷活動，便是價格 (price) 與宣傳 (promotion) 的不一致，也是一個不成功、沒有整合過的行銷活動。

●⋯⋯ **行銷組合**
(Marketing mix, 4Ps)

如前所提及，MARCOM mix 是指運用各式各樣的媒體平台，針對不同的目標客群而有不同的作法，而這之間都是要彼此互相整合的。

●⋯⋯ **媒體組合 (MARCOM mix)**

客戶感受到的不會只有企業「講」的，還包含許多接觸到這個企業／產品後的感受，如展場擺設、產品

●⋯⋯ **顧客接觸點**
(Customer touch points)

包裝等都是，這便是顧客接觸點。顧客接觸點是 360 度的，包含從買前到買後的整個過程中，客戶所會接觸到的所有面向。顧客接觸點同樣需要被整合，以達到一致性的對外溝通效果。

舉例而言，如果一家公司對外強調自己的定位是「創新」、「領先」、「未來科技」，但顧客到了零售點，看到的卻是昏暗的燈光、過期的產品型錄與凌亂的擺列陳設，聽到銷售人員對該品牌的介紹是「規格跟別家差不多，只是性價比好一點」，那麼顧客也會難以信服企業所強調的定位。

評估方法與標準
(Measurement)

IMC 強調的是一連串整合性的行銷活動，通常以 campaign 的形式與市場溝通。既然是一連串的活動，企業一定會針對整個 campaign 訂出許多的評價與衡量方式。

例如在上述 T 公司的新產品上市 campaign 中，既然設定為進入數位家庭領域的里程碑，則無論是行銷的造勢效果、產品規格功能、行銷通路的適切性、業務目標、客戶服務模式等等重要的企業活動，都應該在此最高企業使命之下，訂定彼此整合串接 (aligned) 的績效衡量指標，而非以常態性的部門目標為之。

完整的 IMC 計劃

有了 IMC 的概念後，要計劃一個 IMC 的 campaign，至少應包括以下各項目：

· Program name：計劃名稱。

· Program type：計劃種類。

· Goal & objective：目標。分為量化與質化目標，另提出 ROI(return on investment) 的預估。

· Budgeting：預算。不僅是列出整個 campaign 的預算，也需要詳細規劃 campaign 下各個方案、活動的個別預算。

· Time period：活動期間。

· Owner：活動負責人。包括整個 campaign 的負責人和各個活動的負責人。

- Target audience：目標客群。視需要可區分為主要目標客戶群與次要目標客戶群兩類，最好能將目標客群對於相關產品的使用習慣清楚描寫出來，例如使用何項產品、用在什麼方面等等。

- Program details：計劃細節。也就是詳細的設計內容。

- Milestone checkpoints：檢測點。因為 campaign 的進行時間通常比較久，所以需設下檢測點定期為計劃作檢測。

- Evaluation Mechanism：評估方式。評估方式十分重要，必須在計劃一開始擬定完成。

【行銷多寶格 3-4】STP 工具、品牌訊息屋
【功能】區隔市場、瞄準目標族群、建立有效的市場定位

發展有效的品牌定位

［個案 1］

Andy 是負責高階筆記型電腦的 PM（產品經理），他剛剛參加完行銷部門協理召開的跨部門品牌管理會議，會中宣布全公司品牌定位，以下是行銷協理發言的大概內容：

「……過去半年多來，總公司行銷部門多次與總經理、分公司業務和行銷主管多方面討論與 brainstorming，終於決定了公司品牌的發展方向與定位。首先，品牌名稱方面，公司將走單一品牌策略，也就是所有產品將 under 企業品牌名稱之下對外銷售。

其次，提供最值得信賴以及 world-class 的產品與服務將是我們公司一貫的品牌承諾。

大家最關心的品牌定位也有了結論，那就是「專業、完美、輕鬆擁有」。強調我們公司的產品可以最物超所值的方式，幫忙顧客達到專業完美的需求。

希望各位同仁今後無論銷售何種產品，都要扣緊此定位，讓公司形象深植客戶的心中……。」

從會議室離開後，好幾位負責產品的 PM 和負責銷售的 Sales 私下議論紛紛，「單一品牌早就知道了，不過什麼是 world-class 的產品與服務啊？每家公司不都這樣説！」、「專業、完美、輕鬆擁有，是要強調價格競爭力嗎？我們的產品價格應該拼不過別人吧？」、「強調專業，那家用市場怎麼辦？」、「專業、完美太籠統了吧？有講跟沒講一樣。」、「品牌定位怎麼又變了，之前不是説要強調速度跟功能嗎？還是那只是單一產品的優勢，以後都做不到了？」

Andy 默默回到座位，根據多年 PM 的經驗跟接受過的行銷訓練，他知道品牌定位絕對不是由主管們關起門來討論就可以決定的。他有點擔心這樣的品牌定位在市場上會有多少差異性？不過，究竟該怎麼做才是最適當的方法，Andy 也深感疑惑呢！

有效定位的三大難題

問題 1： 放諸四海皆準 ·········●
　　　　　＝沒有明顯差異性

企業體下有許多產品線，而各個產品線所對應的目標顧客群是不同的類型。因為每一種類型的顧客要求的價值不同，所以當企業想要建立一個品牌核心，便難以建立一個能讓每個目標客戶群都認同的品牌定位。

在這樣的狀況下，也許在經歷企業內部多次的爭論後，仍能得出一個看似融合所有目標客戶群的需求、放諸四海皆準的品牌定位。但是企業常能立刻發現，在市場上早已存在許多也擁有類似品牌定位的公司。

因為一個所謂放諸四海皆準的定位，其實也代表著沒有明顯的定位，自然在大市場中凸顯不出品牌的差異性。沒有差異性、不能在目標顧客群心中建立一個獨特的位子，這

樣的品牌定位無法為企業的活動帶
來利益。而透過如此討論產生出的
品牌定位，充其量只是行銷部門的
交差了事而已。

明星商品往往擁有最多的企業資 ●⋯⋯ **問題 2：產品品牌定位模**
源，行銷人員常根據明星商品的產　　　　**糊了企業定位**
品特色，發展出最適合此明星商品
的品牌定位，以便將明星商品行銷
於市場中。

然而，隨著技術或市場的改變，
過往的明星商品可能不再充滿前
景，因此企業的重心又轉向到其他
的產品或服務上，另行發展別的明
星商品。而曾以過往明星商品為核
心的品牌定位，也就會與新的商品
不再相符，行銷人員因此重行發展
品牌定位，讓品牌定位再次符合新
一代的明星商品。

如果企業是多品牌的經營模式，
不同的目標客戶群都有獨立的品牌

定位，自然不會有什麼問題。但在許多一般企業中，沒有那麼多的資源或知識來管理太多的品牌，因此只以企業名為品牌名。這樣不斷改變的品牌定位也會模糊了企業定位，讓消費者困惑，相當不利於企業品牌發展。

問題 3：品牌共識難以轉換為品牌溝通訊息

即便企業建立出清楚的品牌共識，如果缺少有效的內部與市場溝通，其品牌識別性仍然會非常受限。品牌定位常只是一個簡單的句子陳述，發展品牌溝通訊息，才能將簡短的陳述轉換為溝通的素材。

品牌溝通訊息是緊扣著品牌定位而來，溝通訊息能方便內部溝通，讓品牌定位在由內部向外溝通時，有個一致性的說法。品牌定位包含了品牌願景、品牌承諾，而理想的品牌溝通訊息也應該涵蓋這些多種訊息。

很多企業只將品牌定位的陳述放在宣傳物上，溝通效果自然非常有限。即便企業想要發展溝通訊息，但是因為企業希望能納入各種訊息，將各部門想強調的重點都放入溝通訊息內，而導致品牌溝通訊息零散而混亂，結果讓消費者難以聚焦與記憶。

解決問題的建議做法

企業在擬訂品牌定位時，常會面臨一系列的問題：如不確定怎麼區隔目標市場？不清楚如何分析企業的競爭力？更不知道該用企業產品的哪一種價值來吸引顧客群？著名工具 STP 便是用來解決這一系列的問題。

將市場或品牌／產品所要溝通的 ●┈┈ Segmentation 市場區隔
對象，依有意義的因素區分為若干

區塊，針對不同區塊特性與需求進行行銷活動。

Targeting 瞄準目標 ························●　針對不同市場區隔進行周延之研究分析，同時權衡企業或品牌／產品之優勢與競爭力後，選擇目標區隔，集中資源追求最大成功。

Positioning 定位 ·····················●　根據目標市場之消費者所表達或未表達之需求，發展品牌／產品將傳達給目標市場之價值與競爭差異，並且透過整合行銷計劃於市場溝通。

「品牌訊息屋」協助定位

　　理想的品牌溝通訊息，應該包括核心訊息和支援訊息。核心訊息為品牌定位的陳述，依據品牌定位中最重要而獨特的差異性，以及客戶最在乎的利益所發展出的訊息，支援訊息則如其名，負責支撐核心訊息，讓消費者相信核心訊息的真實性，信任核心訊息傳達出的品牌定位。

　　舉例來說，近年科技業強調的企業定位往往有「創新」一詞，企業常認為「創新」不出產品和技術創新的範疇；然而在消費者心中，創新可能有更廣泛的意義，如銷售模式的創新、行銷活動的創新、甚至是包裝、網站的創新，其實都是創新的展現。

　　一家以「創新」為自我定位的企業，就如同以「創新」為核心訊息，但需要加上其他支援性的訊息，如以上的各種創新展現，才能支援企業「創新」的形象，讓消費者對於企業創新的形象信服。

品牌訊息屋模型

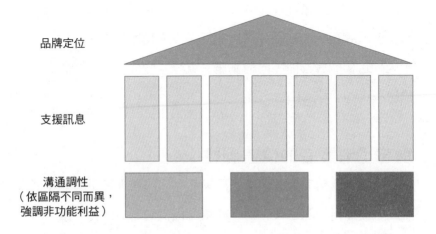

品牌定位

支援訊息

溝通調性
（依區隔不同而異，
強調非功能利益）

「品牌訊息屋」是筆者在 HP 惠普科技服務時，與當時的廣告代理商「上奇廣告」經常使用之工具。運用「品牌訊息屋」的練習，就可以更清楚品牌定位、品牌核心訊息、品牌支援訊息的相互關係。

品牌定位如同屋子的屋頂，是昭示這整個屋子，也就是品牌的存在價值與意義，讓注意這個屋子（品牌）的重要關係人，能一眼清楚這個企業提供的價值是什麼。

而支撐著屋頂的柱子便是品牌溝通訊息，也就是對屋頂的品牌定位提供「證據」，證明該品牌的定位並非企業任意吹噓、毫無根據之空談。

而最底層的基座便是針對顧客群的溝通方式。針對不同的目標顧客群，選擇的溝通語調、管道、頻率都會有所不同，而特定的溝通方式所選擇強調的柱子（即溝通訊息）也可能不同。

一個堅實穩定的屋頂、可以靈活選擇運用的柱子、以及伴隨不同的目標顧客群而不同的基座，就是一個成功的品牌訊息建構過程。

別忘了消費者的價值利益

支援性訊息幫助品牌經營者凸顯產品／服務與競爭者的差異重點，而支援性訊息要有效，就要能提供消費者證據，讓消費

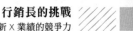

者相信核心性訊息。所謂的證據，便是能提供顧客價值利益，無論是有形的價值利益，如產品的規格和功能，或無形的價值利益，如顧客滿意度、顧客口碑、顧客回饋等。

若進一步將價值利益分類，可將價值利益分為三種類型：功能性利益、情緒性利益、以及自我表達性利益。

功能性利益 (Functional benefit)：最直接提供的、功能性的滿足，如喝水要能解渴，撥電話後要能接通等。

情緒性利益 (Emotional benefit)：指用了產品／服務之後使用者心中的感覺，如水讓我口氣清新，神清氣爽。

自我表達性利益 (Self-expressive benefit)：指因為使用了產品／服務，而讓使用者與外在世界有所連結，讓使用者強化展現在外在的形象。如 Body Shop 代表著環保意識，蠻牛、保力達 B 等飲料則有著與勞動階級站在一起、一分耕耘一分收穫的務實形象。

企業在發展品牌定位時，一定要清楚了解目標顧客群想要的價值利益，並且盡可能在支援性訊息中涵蓋以上三種價值利益，如此，才不會輕易被競爭者模仿，也能為企業本身建立差異性。

Part 2

[過剩的挑戰]
透過差異化創造價值

看看超級市場內各種產品的品牌種類，
就可以知道現在商品競爭得多麼激烈。
由於顧客的選擇眾多，商品供過於求，
精明的顧客永遠都能買到物超所值的商品，
也導致廠商能夠賺取到的利潤越來越微薄。

第一章

現況：
生產過剩造成市場飽和

　　前面我們提到，「創造價值」是現代行銷上重視的課題，造成這種發展的主要原因是由於生產過剩。有一項研究顯示：在1997到2001年，所有產業的銷售量平均只佔產能的72%而已。

　　看看超級市場內，如洗髮精或奶粉等產品的品牌種類，是多麼琳瑯滿目，就可以知道現在商品的競爭是多麼激烈。由於顧客的選擇眾多，商品供過於求，精明的顧客永遠都能買到物超所值的商品。

舊式行銷工具效力大不如前

全球競相投入製造商品的結果，使得大多數市場充斥著類似的大眾化產品。行銷主管在促銷現有產品上面臨空前壓力，即使花下大筆預算做電視廣告，效果也已經大不如前。

2004 年的一項研究調查發現，美國有高達 79% 的觀眾在廣告出現時會立即轉台；而在 1986 年時，只有 51% 的觀眾會轉台。同時有超過半數的消費者表示，不會購買透過廣告或氾濫的行銷手段促銷的商品。雖然大型企業仍可在美國超級盃或歐洲足球大賽等熱門時段作廣告，但從花費的鉅資和獲得的實際效益來看，往往是令人失望的。

以 2011 年美國超級杯足球賽的廣告為例，30 秒鐘的廣告費用竟高達 8,700 萬美元。行銷專家建議企業，應該多花錢在創造顧客所重視的價值，而非一味以廣告刺激消費。

行銷因此轉向顧客中心

基於市場環境的改變，行銷的定義已經由商品交易的觀點，演進為價值與關係的觀點。美國行銷學會給予「行銷」的最新定義是：「創造、溝通與傳送價值給顧客，並管理顧客關係，以利組織和利害關係人的組織功能與流程。」

這個定義明顯有別於早期偏重於產品廣告，和以促銷活動為主的思維，代表了美國行銷朝向顧客中心的思想演進。科特勒(Philip Kotler)和阿姆斯壯(Gary Armstrong)在合著的《行銷學》第九版中也強調「以顧客價值和滿意度作為基礎來建立顧客關係」是現代行銷的核心所在。

簡單地說，由於全球競爭和供給過剩等原因，今日的行銷觀念已經從「以產品為中心」轉變為「以顧客為中心」。領先的企業大多把重心放在顧客價值和顧客滿意度上，並以「顧客終生價值」（Customer lifetime value，簡稱 CLV）來獲取利潤。

不論 Google、臉書或蘋果電腦，高階主管重視的都是掌握顧客佔有率、顧客忠誠度和顧客終生價值。同時，「以顧客為中心」的詮釋，已經從「如何獲得顧客的滿意」逐漸演變成「如何保有顧客的忠誠度」。也就是越來越強調，企業必須提供顧客一種能切身體會到的價值或效益，而非僅止於產品或服務本身而已。這樣的學術探討和實踐，通稱為「顧客價值管理」。

什麼對顧客最有吸引力？

所謂價值，指的是顧客知覺到的利益，也就是顧客的願望獲得滿足而產生的感覺。例如到星巴克喝咖啡的上班族，不但滿

足了喝咖啡的需求，也享受了一段心情放鬆的時光，因此願意付出比一般咖啡店更高的價錢。為了增加顧客知覺上的價值，企業必須創造差異化的利益，吸引一定族群的目標顧客。

行銷的一項重要工作，是要創造差異化的利益給目標顧客，以換取他們願意提供的回報。企業在規劃策略時應努力思考，可以提出給顧客的價值主張（Customer Value Proposition，簡稱 CVP）。Google 認為他們最大的價值是讓人們搜尋到所需的資訊；諾基亞的價值主張則是幫人們建立連結。

公司一個重要的工作，是在檢視每一個價值創造活動上的成本與績效。這些價值活動包括研發、製造、配銷和服務等。一個優秀的公司要能發展管理這些核心程序的能力。

許多科技產品的廣告千篇一律地刊登產品規格，比如 CPU 的速度、記憶體容量等，消費者往往不知道這些規格對自己到底有什麼意義、什麼好處？若要打動消費者的心，不妨從比較自己與同行的產品開始，先找出自己的優勢，再衍生出「對顧客最有吸引力」的訴求點。

記得要以特性 (feature)、優勢 (advantage) 和利益 (benefit) 的推論來說服消費者。例如說服顧客花較多的錢搭乘高鐵，就可以用以上 FAB 三部曲來分析。高鐵的特性是速度快，比其他交通工具節省時間，對旅客的利益是多出一些時間從事其他活

動，或者減少在外地住宿的機會。少住一晚讓消費者省掉旅館的錢，這省下來的錢超過了高鐵票與其他交通工具的價差，就有了明確的利益或價值。

能不能提供物超所值的尊寵感受？

在前頭我們提到，行銷的本質在於價值的交換，給顧客物超所值的產品或服務，換取顧客付出高於產品或服務成本的價錢，以提供企業生生不息的資金。對顧客而言，「價值」到底是什麼？其實價值和利益是相近的概念，顧客用了某個產品或服務，由於心理知覺到一個或一組利益，就感受到價值存在。

價值固然可能是很容易知覺的、諸如生活上食衣住行等的基本需求，但也有可能是社會地位、感情或心靈方面等較高層次願望的實現。如搭乘商務艙的旅客，除了位置寬敞、較為舒服外，也享有快捷的服務和優先上機等的尊榮。

但是為了爭取特定顧客，企業也必須付出成本。顧客對於一家企業的價值，主要是顧客為了獲得產品與服務所付出的價格，高於企業提供產品和服務所需要的成本。顧客價值是顧客總價值與顧客總成本之間的差異，顧客總價值是顧客期望由產品或服務得到的一組利益。

第二章

讓顧客成為超級粉絲

　　大多數行銷經理都了解 80 ／ 20 的黃金定律，也就是訂購產品最多的顧客，通常只佔所有顧客的百分之二十，而他們訂購的產品數量常佔總訂購額的百分之八十。因此，稱職的行銷經理會花較多時間照顧這百分之二十的顧客。

　　但是，行銷經理不見得會注意到訂購量前百分之二十的顧客，是否也貢獻了百分之八十的利潤？常見一些大顧客因為要求的價格太低，企業其實是無利可圖的。

　　一項對企業研究發現，如果以利潤排名，對大部份企業而言，最好的百分之二十的顧客，貢獻了百分之一百五十的利潤，稱為 150 ／ 20 定律。排名在後的顧客不但沒有貢獻利潤，

反而吃掉了前面顧客所貢獻的利潤。當然有時為爭取新顧客，會先犧牲當下的利潤，只要日後可以從這些顧客獲取更多的利潤，暫時的犧牲是值得考慮的。

因此這中間真正的問題是，企業沒有注意到利潤的重要性，因此爭取到一些不合適的顧客。這些顧客長期而言會造成虧損，最差的這群顧客可以把企業一半的利潤吞食掉，也讓公司喪失服務較合適顧客的機會。

行銷的藝術在於吸引並留住可獲利的顧客。因此選擇合適的顧客，絕對是改善企業營利績效的重要工作。最理想的顧客是最能為企業創造價值的顧客，他們最賞識企業所創造的價值，並因此長期使用企業的產品。

根據 Lexus 的估計，一個滿意且忠誠的顧客，終其一生的消費值超過 60 萬美元。如果你是惠普雷射印表機行銷副總裁，你估計的 CLV 應該包括他們一生內購買的雷射印表機和所有耗材的總金額，很可能超過一萬元台幣。

從利潤的角度衡量顧客

滿意的顧客是企業成功的基石，但是光有滿意的顧客，並不保證企業能夠長存。許多顧客使用一個產品後固然是滿意的，

但並不表示他們下一次還是會購買相同的產品。

　愛默瑞大學行銷學教授賈帝許‧謝斯 (Jagdish Sheth) 研究發現：新開發一個顧客的費用是保住舊客戶的五倍；而一旦企業的忠誠客戶增加 5%，企業的利潤平均會提高一倍。班恩公司的賴奇費德 (Fred Reichheld) 以及哈佛企管的教授賽瑟 (Earl Sasser) 兩人的研究則指出，顧客的忠誠度增加 5%，便可增加一倍的獲利率。兩項研究的結果都指出，維持忠誠的顧客是企業永續經營的不二法門，特別在競爭激烈的今天，更顯重要。

忠誠的顧客帶來最大效益

　如何讓顧客從滿意於現有的產品和服務，進一步成為終生忠誠的顧客？首先，企業所設計的產品或所提供的服務，要「超過」顧客的期望！若能產生愉悅的經驗和印象，之後不但會再購買，也會在其他廠牌打出優惠價格時抗拒誘惑。

　許多遊客在第一次遊覽迪士尼時，因為迪士尼精采且眾多的表演而驚嘆不已，並因此留下美好的印象，此後一有機會就再次造訪。太陽劇團也是一個很好的例子。這是一個由街頭特技雜耍的表演者組成的馬戲團，由於他們在舞台藝術和舞蹈美感上，也跟特技的技巧一樣登峰造極，加上運用電腦和燈光科

技，讓顧客產生「驚艷」的感覺，這種體驗讓太陽劇團在已經沒落的馬戲團產業中一支獨秀。

關心顧客、提供貼心的服務，也是維持顧客忠誠的良方。航空公司推出哩程方案，給予經常飛行的客人免費機票或升等的待遇，因此有效提升留客率。現在許多行業也利用會員集點的方式，作為強化忠誠度的方案。

IBM 評估銷售人員的一個重要指標，就是能否讓大顧客長期採用公司產品；Lexus 則在售後服務上，讓顧客如同貴賓般被接待，備受禮遇。管理企業與忠誠顧客之間的關係，維持他們終生的再購意願已經成為行銷的一大任務。

形成「同好部落」口碑傳播

在忠誠的顧客中，有一些顧客會因為熱愛產品而經常推薦給其他人，成為熱情洋溢的 Advocate （意指誇讚並推薦的人）。他們對於品牌的產品或服務的熱愛超乎一般的消費者，並且認為好東西就是要告訴親朋好友，因此成為這個品牌的推薦人或代言人。

蘋果的麥金塔產品擁有眾多的「麥金塔教士」(macolytes)，他們是忠誠而狂熱的蘋果迷和信徒。好比說，米蘭一位女設計

師因為太喜歡蘋果電腦了，竟在自己背上刺上蘋果的圖案。「柏克萊麥金塔用戶社團」仍因擁有一萬名會員及每週聚會而讓人津津樂道。全美國有七百多個麥金塔用戶社團，他們常自稱為「同好部落」(hobby tribe)。

企業若能培養出熱愛且樂於推薦其品牌的 Advocate，讓這些痴迷的用戶得到最高的滿意度，並時時傾聽他們的建議，建立他們對品牌的信賴感，使他們成為企業長期的夥伴，就能創造驚人的口碑效果。

為了達到這個境界，企業可以提供消費者公開、誠實與完整的資訊，並且跟他們像朋友般直率地溝通。受過良好教育的顧客，往往會投入較多心力，選購所要的商品和服務，而隨著顧客掌握的資訊增加，這種關係最後將使顧客對品牌產生熱愛和推薦。

第三章

行銷研究能做到什麼？

　　儘管許多企業了解消費者才是關鍵，卻苦於無法接近消費者，做了許多行銷活動，依然無法取得消費者的歡心。因此問題回到最根本的一點：如何了解消費者？

　　針對消費者所做的「行銷研究」，是進行行銷管理之前的基礎工作。依照美國行銷學會 1987 年的定義，行銷研究的功能是「透過資訊」把消費者、顧客和大眾與行銷人員連結起來──資訊是用來確認和界定行銷的機會與問題，並因此產生、改進和評估行銷行動、偵聽 (monitor) 行銷績效，並增進對行銷過程的了解。

問錯問題，留下「無用」的壞印象

行銷研究的本質是資訊的收集與解讀，資訊收集的目的在於解決策略的問題，這是一套西方社會科會延伸出來的方法。西方社會科學的特色，在於延伸自然科學的思考邏輯，將社會現象以自然科學的因果邏輯來研究。也就是透過因果辯證以及實證的方式，來了解事物間的因果關係。

然而，自然科學與社會科學不同。自然科學的現象本身，未必是大眾所熟悉的現象（例如光電效應）；而社會科學的研究發現，多半是解釋已知現象的背後運作歷程。對許多人而言，這樣的解釋在實用的層次上似乎貢獻有限。

舉例而言，許多進行品牌權益測試的計劃，在測試前，業主就已經對自己的品牌現況有所了解。研究計劃的成果，往往也印證了原先經驗法則所感受到的結論，因而會覺得研究案對經營實務沒有幫助。業主常常會想：「這我本來就知道了啊！」

是否這類的研究都無法發揮預期的效益？答案是否定的。如前所述，固然有些研究計劃無法發揮預期的效益，但有更多的研究案，其結論確能對業主在品牌經營上產生助益。

案例 **6**

透過研究，Airwaves 拉高售價 50%

大家所熟知的 Airwaves 口香糖，在上市之前的行銷企劃中，原先準備用競爭者定價法，亦即比其主要競爭者波爾口香糖定價少 3 元（大約 12 元左右）。由於這是個新產品，因此做了一個價格測試，結果發現消費者對此項新產品極有興趣，竟然願意付到 19 元！最後定價為 18 元，並且成為大賣的成功商品。

由此可知，如果用對地方，行銷研究可以對經營者產生效益，避免不必要的浪費。使用這類工具的人需要能夠清楚辨別，何時使用這類工具是有效的，而何時是效益不佳的。

行銷研究是品牌經營的科學面，但這個硬梆梆的層面又要與行銷的軟性層面（如行銷策略）作適當的結合與互補，這是行銷研究使用的藝術，也是有經驗的行銷研究人員所必須具備的能力。許多經營者（尤其東方的企業經營者）喜歡依賴經驗做判斷，較少利用行銷研究的結果來做決策。

這個現象有幾個原因：(1) 經營者不相信行銷研究的效力；(2) 經營者不知如何使用行銷研究；(3) 經營者覺得行銷研究的結果，是靠直覺就可以想像的常識，對他們決策的幫助很小。

其實，之所以會有這些情形，除了經營者對行銷研究的了解不足，也與行銷研究的誤用與濫用有關。行銷研究是一項工

具，不是醫治企業問題的萬靈丹，許多經營層面的問題，並不適用行銷研究來解決。如果在不適用的情形下使用行銷研究，就很容易使經營者對行銷研究產生不信賴感。

案例 **7**
一開始就走錯方向的行銷研究案

某家量販零售業者希望透過行銷研究來改善銷售業績。一家行銷研究公司提案，進行品牌形象以及品牌定位的研究，結果顯示，與競爭者相比，該業者擁有的形象是國際品牌、適合小家庭採購，消費者對其商店的概念則是介於量販與超市之間。

行銷公司提出的改善建議是：加強服務與消費者的品牌認同；強化產品品項以及貨架排列等。這些作法以及建議是否恰當？如果不恰當，問題出在哪裡？這個例子我們可以從兩方面來觀察，一是研究方向，二是改善建議。

首先，就研究方向而言，客戶希望了解如何改善業績。而行銷研究公司提出的研究計劃則是了解品牌定位以及品牌形象。仔細思考一下，當我們購買汽車或服飾時，品牌是很重要的。消費者會希望買雙 B 汽車，買 Armani 的衣服。

但在選擇零售店時，很少消費者會因為 7-11 的品牌形象比其他便利商店好，而捨棄較近的其他品牌便利商店，改去較遠

的一家 7-11 購買產品。也就是說，零售業的決定因素在於地點，相對而言品牌的重要性反而比較小。

　　造成一家量販店業績欠佳的原因有許多種，直接切入品牌形象的議題，缺乏深入思考。因此當研究方向錯誤，就會造成行銷研究的結論對經營幫助不大的結果。此外就改善建議的部份，似乎不需要做品牌形象的研究，也可以得到同樣的結論。這是許多人詬病行銷研究之處，亦即覺得花了大錢做研究，卻沒有得到真正的效果。

正解：科學方法的特性是明確

　　為何研究方向會文不對題，答非所問？這與我們根深蒂固的行銷觀念有關。許多人總認為行銷就是要顧客導向，必須要了解顧客，因此行銷研究就是了解顧客的必備方法。表面上看起來，這個想法沒有什麼錯誤。然而，為何了解顧客的舉動常常變成沒有必要的作為？這與行銷研究的使用者對行銷研究的認識有關。

　　行銷研究是透過科學的方法來解決問題，科學方法的特性是必須明確定義問題，並且要有明確的操作方式才能往下探討。因此，行銷研究從來就不是用來解決諸如「我要如何成為銷售

第一名？」這類大哉問的問題；而是用來解決如「這三個廣告腳本哪一個比較好？」這樣的「小」問題。

重點在於，在回答大哉問的最後目標下，研究人員須有能力將一個大的策略性問題（如：要如何增加銷售？），分解為若干小問題。其中有些問題可以利用行銷研究來回答，另一些則需要其他的方法、經驗或資料來解答。

把大哉問分解為可研究的小問題

以上述的量販零售業者為例，量販業行銷部門的人員，應事先分析問題的內涵，決定何者是可以經由行銷研究加以解決的。例如業績不佳的可能原因為何？這些原因可能包含地點、設施、產品品項、服務、品牌、競爭者、消費慣性等。

每項又可再進一步分析，例如地點是指商圈消費群不夠？還是商圈中同性質競爭者過多？在連鎖量販業中，不同地點的商店情況也有所不同。經由這些細部的分析，才能找出哪一部份的問題可以透過行銷研究來找到答案。

如果認定產品品項的種類以及多寡是問題的重點，便可以透過行銷研究來決定哪些品項以及品牌應該要留下，哪些應該要淘汰。但如果認定問題是出在消費慣性（亦即消費者習慣至競

爭者處購買），就應該考慮如何從策略面改變消費者的慣性。
此時這便是一個策略問題，就不能期待由行銷研究來提供問題
的解答了。

　　由上可見，行銷研究確能發揮協助決策的功能，但必須知道
正確的使用時機。誤用以及濫用行銷研究，都無法為行銷策略
帶來正面的助益。多數的管理人員並不需要了解行銷研究的技
術細節以及數學模型，但應該了解何時需要使用這項工具，以
避免用錯地方，導致花了許多錢做研究卻沒有達到預期的效果。

第四章

應用在經營品牌

許多行銷策略上需要的關鍵資訊，都可以利用行銷研究的技術來提供。我們用兩個例子來說明，如何在顧問案中運用行銷研究的分析技術，協助企業蒐集資料、為決定行銷策略提供有用的視野。

第一個例子是市場區隔；第二個例子是新產品的開發問題。

案例 **8**
採取「利益區隔法」找到市場切入點

一個高科技產的製造廠商，想要了解自己的終端消費族群，他們的主要產品為大宗製造的電腦周邊產品。這家廠商希

望可以進行市場區隔並鎖定目標，以便利用此區隔進行品牌線的重整。

一般做市場區隔時，傾向於使用「人口統計項目」作為市場區隔之變數，例如性別以及年齡等，然而在科技產品的市場上，這類變數無法精確預測購買行為。例如，無論 30 歲還是18 歲，人們對電腦週邊產品皆有需求，不會因為性別或年齡的不同，而導致購買行為有非常大的差異。因此，使用人口統計變數在本案中便顯得不適用。

那麼是否能找到更適切的變數來描述科技產品的市場區隔？一個方法是以消費者選擇這類產品的動機，或是產品所提供的不同利益，來進行區隔。這類方法可稱為「利益區隔法」(Benefit segmentation)。

具體方法是測量消費者使用產品時的態度，用資料分析的方法（如因素分析以及集群分析），將消費者區分為若干個不同的族群。在這個例子中，首先以焦點團體訪談的方式，找出消費者購買本產品的主要利益點，由此發展出相關的測量題項。

研究出四個族群「會買單」的產品

就高科技產品而言，主要的購買利益包含品質、價格、售後

服務、造型、附加功能等等。透過這些利益點發展題項，用來測量消費者對每個題項同意的程度。再將這些資料進行因素分析以及集群分析，依消費者對每項答案的類似程度加以歸類，因此區分出以下四個族群：

斤斤計較族：這群消費者約佔全部人數的五分之一。男女各半，年齡以 20 至 30 歲的年輕族群較多。他們的主要特性是不重視保固，但要求價格便宜以及有許多附加功能，希望能以便宜價格買到「俗擱大碗」的產品。

重視外觀族：這群消費者約佔全部樣本的三分之一。男女各半，年齡以 25 至 34 歲的中間階層較多。這群消費者的科技產品知識相對較少，選擇產品時重視造型與材質，對品牌與價格相對比較無所謂。

專家：佔全部樣本略低於五分之一，是四個區隔中人數最少的。男多於女，年齡以 25 至 29 歲最多。這群消費者對科技產品的知識最豐富，買科技產品重視品牌、價格與保固。

新手：佔全部樣本約三成七，是四個區隔中人數最多的。女多於男，年齡最大，以 35 至 40 歲最多。這群消費者的科技產品知識最為缺乏，購買行為上重視維修保固以及附加功能，希望能買到「安心的感覺」，反而不重視品牌或價格。由於這群消費者對科技產品較不熟悉，因此稱之為新手。

我們從消費者使用產品的主要利益，區分出四群目標客層。接下來應該如何使用這個分群概念規劃行銷策略呢？

發現少有人重視、卻佔七成的市場

首先，必須要弄清楚自己與競爭對手的品牌定位，以及目前的目標客層與未來想要爭取的目標客層。以本例而言，專家型的消費者是大多數競爭者最重視的群體，多數產品的訴求也以此區隔為主要對象（亦即訴求產品功能、品牌與品質）。

但此群體佔所有消費者的百分比卻是最小的。反倒是重視外觀族與想買安心的新手，合計的百分比近乎七成，成為最大的消費族群。這使我們重新省思，過去的行銷策略是否真正適合現在的市場？

由此結果分析，無論是重視外觀或是想買安心的族群，他們重視的都是產品「週邊」的特性，例如造型、材質、維修保固以及附加功能等，而非我們所認為重要的「中央」特性，如價格、功能等。

這個發現對市場的挑戰者特別重要。由於市場領導者往往在品牌、品質上具有優勢，挑戰者想要與領導者在這些方面競爭，往往吃力不討好。但從本研究的結果可以發現，市場挑戰

者可以從其他層面來攻佔市場，例如造型、材質與保固，而不一定要與領導者在其所擅長的部份競爭。由於重視週邊層面的消費者佔了近七成的市場，因此從週邊著手也能收到事半功倍的效果。

這個研究結果也能給廠商提供重新檢視品牌的機會。就此類產品而言，品牌的意義不只是指產品的功能層面。就新手以及重視外觀族兩大族群而言，品牌「真正重要的意義」在於傳達安心的感覺。

由於這兩個族群對科技產品的知識較少，能帶給他們安心感覺的品牌，相對來說非常具有吸引力。行銷人員可以從品牌知名度以及保證維修保固等方面來著手，建立品牌與「安心」的連結。以上的論述，正好可以說明如何用行銷研究來協助進行市場區隔，以及研究的結論可以如何轉化成為行銷策略。

案例 **9**

透過「聯合分析」開發屬性最佳化新品

在新產品的開發決策上，首先必須要決定的事情之一，就是產品屬性的最佳組合。舉例而言，要開發一台新的筆記型電腦，產品決策上常見的問題之一，在於產品屬性的最佳組合是什麼？

在一項針對中國大陸筆記型電腦市場的研究中，我們以網路問卷的形式，分析了大陸消費者對筆記型電腦的屬性偏好。以這個例子而言，需要決定的屬性以及選項如下：

CPU：Intel, AMD

DRAM 記憶體：1GB, 2GB

硬碟容量：250GB, 320GB

價格：RMB4,000，RMB8,000，RMB12,000

螢幕：13 吋，15 吋

品牌：神舟，華碩，IBM，HP

重量：1.5 公斤，2.5 公斤

這些屬性一共能組合出 384 種產品 (2 x 2 x 2 x 3 x 2 x 4 x 2)。這時候可以採用「聯合分析」的方法，來決定何種組合對消費者具有最高的效益 (Utility)。聯合分析的基本假設，是每個產品的效益，是由個別屬性的線性組合所產生：

產品整體效益 = Σ 屬性權重 * 個別屬性效益

例如，一台〔Intel inside，2GB 記憶體，320GB 硬碟，

RMB8,000 元，15 吋螢幕，以及 1.5 公斤重量〕所構成的產品，整體的效益是由這七項屬性的權重，乘上個別屬性的效益。就聯合分析而言，一般會將這 384 種組合（雖然實際需要的組合數並沒有這麼多）寫在 384 張卡片上，然後由消費者按照自己的喜好，給這些產品分數（或是將這 384 種產品給予排序）。

聯合分析的演算法，可以將這些偏好分數，分解為個別屬性的權重，以及每個屬性的效益分數。例如，以品牌這個屬性而言，聯合分析可將品牌這個屬性對消費者的重要性（亦即權重）、Intel 以及 AMD 兩個品牌對消費者的價值（亦即效益）分解出來。廠商便可根據各種其他的限制，決定最佳的產品組合是什麼。

以中國大陸消費者對筆記型電腦的偏好為分析顯示，各個屬性的權重以及效益如右頁圖表所示。

由此可知，對中國大陸消費者而言，價格仍是最重要的考量，其次是品牌以及 DRAM 記憶體。而個別屬性值的效益，也可以在這個分析中看出。廠商便可依據此結果，設計符合消費者需求的新產品。

舉例而言，由上表來看，整體效益最高的組合可以達到 32.71 （4.85*0.06+13.52*0.16+4.59*0.05+45.9*0.52+2.06*0.02+27.71*0.22+1.36*0.02 = 32.71），但有時很難魚與熊掌兼得。

中國消費者對筆記型電腦的偏好權重表

屬性	屬性權重	屬性值	屬性值效益
CPU	4.85	Intel	0.06
		AMD	-0.06
DRAM	13.52	1GB	-0.16
		2GB	**0.16**
硬碟	4.59	250GB	-0.05
		320GB	0.05
價格	45.9	**RMB4,000**	**0.52**
		RMB8,000	0.04
		RMB12,000	-0.55
螢幕	2.06	13 吋	0.02
		15 吋	-0.02
品牌	27.71	神舟	-0.43
		華碩	0.05
		IBM	**0.22**
		HP	**0.16**
重量	1.36	1.5kg	0.02
		2.5kg	-0.02

　　這個效益數值，要求最高的品質／品牌（如 IBM 的品牌及 Intel 的 CPU）以及最低的價格（RMB4,000），這是一項不可能的任務。

在此情形下，便需要取捨。例如，若將 CPU 從 Intel 換成 AMD，整體效益會減少 0.58（4.85*(0.06-(-0.06)=0.58）。但若保持現有的 CPU，而將價格從 RMB4,000 調高到 RMB8,000，整體效益會大幅減少 22.03（45.9*(0.52-0.04)）。這樣一比較，該如何拿捏便一目了然了。保持低價並將高檔的設備降級以符合成本需求，相對在市場上的競爭力會較佳。

先做市場區隔，以免得出錯誤結論

使用「聯合分析」做新產品屬性的最佳組合分析時，有一些需要注意的事項。其中之一，便是聯合分析結果的適用範圍。聯合分析與一般資料分析技術的差異，在於聯合分析可以只分析一個消費者的資料，而多數其他的資料分析技術，需要有一群消費者的資料才能進行。於是，當聯合分析的資料是來自一群消費者時，便衍生出一些結果適用性的問題。

舉個例子，如果你是賣飲料的，你有兩個顧客，一個說他要熱的，另一個說他要冷的，你會如何做？如果我們把熱飲加入冷飲中，做出一杯溫的飲料供應給這兩個顧客，結果會如何？不難想像，這兩個顧客都不會買單！

這也正是以一群顧客進行聯合分析時可能產生的狀況。透過

一整群顧客所得到的產品屬性權重與效益，是這一群顧客平均的結果。然而每個人的喜好不同，根據一群顧客的平均值所設計的產品，當然有可能造成上述「誰都無法討好」的結果，這也是大眾行銷 (Mass marketing) 的主要問題。

大眾行銷假設不同消費者間的差異不大，因此使用同一套行銷組合來滿足所有人的需求。而一種相對的概念是完全客製化行銷 (Customization)，亦即針對每個消費者的偏好，設計適合他個人的產品。此種方式固然可以滿足每個消費者的需求，但從成本面來看顯然不切實際。

一種折衷的解決方式，便是回到現代行銷的核心觀念，就是市場區隔。如上例可見，市場區隔是將偏好同質性高的消費者集合在同一群區隔中，因此可以針對同一區隔的消費者設計行銷組合。也就是說，若將「符合消費者需求」以及「行銷成本」看成兩個構面，則上述三種行銷原則可以轉化為以下圖示。

市場區隔：在消費者需求和成本間取得平衡

〔滿足消費者需求的程度〕

高

完全客製化

市場區隔

大眾行銷

〔成本〕

低　　　　　　　　　　　　　　　　高

由上可知，市場區隔可說是在大眾行銷與完全客製化二者之間的折衷型態。如此一來，在應用「聯合分析」時，便可以先針對一群消費者進行市場區隔，再針對各個區隔的消費者進行聯合分析。如此，便可在某種程度上兼顧行銷成本以及消費者偏好的差異。

第五章

開發有效度的預測模型

　　行銷研究存在的主要目的之一，在於降低企業經營投資時的風險與不確定性。風險可能來自於環境、市場、以及競爭者。

　　舉例而言，在 2008 年金融海嘯時期，德國富豪梅克勒 (Adolf Merckle) 臥軌自殺；美國房地產大亨古德 (Steven Good) 舉槍自盡；而知名的川普 (Donald Trump) 則申請破產法保護。若是當初他們看到了金融海嘯的風險，就可以避免投資的損失，以及悲劇的發生。

透過「鑑往知來」原則建立模型

　　自古至今，人們對於未來都充滿了好奇，並希望能夠預測未

來，算命就是此項需求具體而微的呈現。西方的算命者與預言家聲稱能夠透過水晶球看見未來。個人的命運如此，企業與公司的經營也不例外。事先預測風險的發生，能幫助企業即時因應，避免損失。然而，企業沒有水晶球這種神奇的工具，要如何才能預見風險、趨吉避凶呢？

　　行銷研究中有一些預測模型，可以擔任這樣的角色。預測模型不是隱晦難懂的玄祕之學，而是基於統計與數理的科學基礎建立起來的。這些模型的共同特色，在於預測的基礎多半基於「鑑往知來」這個簡單的原則。亦即根據以往的各項變數及銷售量資料，或其他指標如市佔率等，建構一個數學模型來描述變數間的關係，再以此模型做為預測未來銷售量或市佔率的基礎。由於數學模型的建構是以過去的資料為基準，來描述變數間的關係，因此稱為「鑑往知來」。

以「時間序列」做出的預測模型

　　舉例來說，影響銷售量的因素，可能包括價格、品牌知名度、消費者購買意願、行銷資源投入，以及競爭者的行銷強度等。根據這些變數的資料，可以建構一個數學模式，描述上述各項變數與銷售量之間的關係。之後再用這個數學模式，作為預測

未來銷售量的基礎。透過行銷研究，了解品牌知名度以及消費者購買意願等變數代表的趨勢，即可用來預測未來之銷售量。

利用數學邏輯開發「水晶球」，可以分為幾種方式。第一類是「時間序列」，這是按照某一數量（如銷售量）在時間變化的資料中加以模型化，用以預測未來的變化。

「時間序列」主要是以數量在時間中的變化為主，較不考慮其他指標的影響，但會考慮一些特性，如季節性。例如，要預測果汁在市場上的銷售量，需考慮到季節性因素，亦即夏季的果汁消費會比冬季更多，這個季節性因素會影響果汁在不同時間點的銷量，也就會影響到模型的具體內容。

一般在數學中常用的預測模型，是屬於貝氏定理 (Bayesian inference) 的類型。利用事前機率 (Prior probability) 以及可能性函數 (Likelihood function)，推算出事件出現的事後機率 (Posterior probability)。

許多消費者的偏好以及選擇行為，都可以用這類貝氏模型來進行預測。舉例而言，消費者每次登入亞馬遜書店，網站都會推薦幾本書或是其他產品，這種做法就是將消費者過去的購買行為輸入貝氏模型，得出偏好機率較大的產品，再將這些產品推薦給消費者。

另一類常見的預測模型，則是針對特定目的所設定的預測模

型。例如 Bass 模型是用來預測一項新產品或新科技的銷售量；
類神經網路則是以神經網路的演算法來進行預測的模型工具；
其他如決策樹 (Decision tree) 等，也都是常見可以用來做預測
的模型。

推估技術再進步，參考性會更高

　　雖然這些預測模型有一定的準確度，但卻仍然不盡理想。主
要是影響到未來事件的原因太多，不同因素間的交互作用也極
為複雜，無法以簡單的數學預測模型涵蓋。因而在準確度上，
尚無法有十分滿意的模型出現。

　　例如，許多公司常用的 BASIS 模型，是以消費者偏好等資
料來預測市佔率。這個模型廣為許多公司使用，但其預測結果
的誤差範圍卻高達正負 20％。這意味著，若是估計某產品的
市佔率為 40％，最後的真實市佔率從 20％到 60％皆有可能。
若是預測結果範圍太廣，就會失去預測的意義與效用。

　　雖然如此，預測模型總是有比沒有好。若能運用預測模型估
算產品未來前景，對管理階層來說便是一項重要的參考工具，
以便擬定經營的策略。隨著數理模型以及計算機能力的進步，
未來也將出現更準確的模型，以供經營者使用。

Part 3

［區域經濟的挑戰］
揮軍中國搶佔市場

經濟學家虎克 (Gns Hooke) 預測全球經濟，

至 2050 年，包括日本在內的工業化國家，

所佔的比重會從 74% 下降到 12%。

相對地，亞洲開發中國家的貢獻會從 9% 上升至 57%。

屆時全球三大經濟強權將是：中國大陸約佔 15%，印度 10%，美國 5%。

第一章

未來中國仍將蓬勃發展

中國經濟快速崛起，是這三十年來最受全球矚目的發展之一。《新聞週刊》在 1992 年九月的專文中提到：「現在大家認定，中國會在二十一世紀初期成為全球舉足輕重的經濟體。換句話說，經濟規模會大於日本，有人甚至認為，會超越美國。」

今天，這個預言已經實現了一半，中國已經超越日本，成為世界第二大經濟體。中國市場的蓬勃發展，是所有行業不可忽視的現象。已經有無數的外資湧入中國大陸，爭相搶食這塊市場大餅。

二十一世紀將是龍的世紀

如果說十九世紀是英國人的世紀，二十世紀是美國人的世紀，那麼，二十一世紀是誰的世紀呢？許多分析家都預測我們即將邁入亞太世紀。更精確地說，是一個以中國為中心的亞太世紀。連拿破崙都曾經說過：「中國是沉睡的龍，最好不要弄醒牠。」

現在，睡獅已醒，西方世界非常關注這一個新的世紀，我們稱之為「龍的世紀」，中國已然成為世界上最強大的一股經濟力量。

2008 年奧運在北京舉行，來自 204 個國家和地區的一萬多名運動員齊聚北京參與競賽，吸引了全球 45 億電視機前的觀眾觀看。中國的運動選手不負眾望，贏得了最多的金牌，也展現了體育強國的實力。中國成功舉辦奧運，讓世界觀察並見證了中國的進步。同樣地，2010 年的世界博覽會在上海舉辦也十分成功，中國再一次展現了強國的實力。

經濟學家虎克 (Gns Hooke) 預測全球經濟，至 2050 年，包括日本在內的工業化國家，所佔的比重會從 74% 下降到 12%。相對地，亞洲開發中國家的貢獻會從 9% 上升至 57%。屆時全球三大經濟強權將是：中國大陸約佔 15%；印度 10%；美國 5%。

中國 GDP 已躍升全球第二

2011 年 1 月 20 日，中國大陸國家統計局宣布：2010 年大陸國內生產毛額 (GDP) 總值三十兆九千七百億人民幣（約 5.9 兆美元），已超過日本，成為僅次於美國的世界第二大經濟體。

次日，日本朝日新聞刊出頭版報導，提到二十年前中國大陸的 GDP 只有日本十分之一強。1990 年後，隨著鄧小平倡導的改革開放政策，中國進入快速成長的軌道。

野村綜合研究所出版的《掌握亞洲大錢潮》（繁體中文版為寶鼎出版）一書中也曾提到：「中日經濟規模在今後的十年裡有可能出現逆轉現象。到時候中國沿岸地區的每個人民生產毛額 (GDP) 將達到一萬五千美元，與韓國和台灣並駕其驅，擁有這個收入水準的人口數將有兩億人。這是一個龐大的市場。看在日本眼裡，感想真是錯綜複雜，不過十年後的亞洲經濟中心已經確定是在中國。」

這幾年日本經濟成長遲緩，又遭逢海嘯巨災，眼看著亞洲經濟霸權將加快落入中國大陸手中。

中國人將有超強購買力

隨著歐盟和 WTO 的形成，全球化的腳步加快，世界的貿易

交易額佔 GDP 的比例，在二次大戰後只有 5% 左右，1998 年增加到 17% 左右。中國大陸和印度是典型的例子，從十分封閉的社會主義計劃經濟，走向開放的自由市場經濟，成為世界貿易的重要成員。

中國加入世界貿易組織，並承諾在 2005 年把平均進口關稅由 17.5% 降為 10%。在開放的前提下，中國大陸獲許在大多數的市場參與公平競爭。1992 年 11 月 28 日，《經濟學人》雜誌登出一篇長達十六頁的調查報導，名為「巨人翻身」，其中引用世銀首席經濟學家桑莫斯 (Larry Summers) 的研究，認為中國官方的 GDP 數據，受到人民幣和美元匯價的扭曲。

如果改用購買力的方式計算，中國經濟產出將數倍於官方的統計。據此判斷中國已經是經濟大國。在報告中有一句話值得特別注意：「歐洲大約花了一千五百年取代中國，成為最先進的文明，然而在十六世紀之前的漫長歲月裡，中國的科技、生產力及所得都是世界第一。」

1978 年，大陸國內生產總值只有 3,645 億元，人均國民所得收入僅 190 美元；2007 年國內生產總值躍升至 249,530 億元，近 30 年間的平均成長率高達 9.8%，人均國內生產總值升高到 2,360 美元。

由於刻意貶低人民幣的政策，使中國大陸以美元表示的

GDP 未能反應真實的購買力。國際貨幣基金會 (IMF) 在 2011 年公布之「世界經濟展望」報告指出：中國 2010 年的人均購買力為 7,519 美元，為依匯率轉換所計算的 1.7 倍。

世界銀行也在 2011 年的報告指出，依照物價資料，中國 2010 年人均購買力為 7,570 美元。毫無疑問，大陸市場的超大購買力已經成為所有大企業注意的焦點。

第二章

搶先進入者可坐擁大餅

　　自 1980 年起，外資即不斷湧進中國，參與基礎建設、加工出口的機會。到了 1990 年代，大陸進一步開放了一些特許執照，外資更是爭先恐後加入競逐。整個 1990 年代，中國吸引了全球三千億美金以上的資金。

　　以行動電話業的三家外資公司為例，1990 年代在中國市場賺了不少錢，主要因為行動電話是新科技，不會和中國現有的國營製造業直接競爭。至 2000 年底，中國共有七千萬人使用行動電話，當年度新增用戶為兩千七百萬，是美國的一倍半。

　　台灣到大陸的投資金額也很可觀。早期投資以外銷製造業為主，後來也有以內需市場經營成功的公司，頂新集團就是膾炙人口的案例。

案例 10

康師傅傳奇—先取得通路

頂新集團原先是台灣一家生產食用油的小公司，1992 年到大陸時原本是想生產同樣的食用油產品，但是並不成功，反而在市場研究中發現了速食麵的機會。

為了推出符合消費者口味的速食麵，頂新做了大量的消費者研究，決定從北方開始以「康師傅」品牌販賣速食麵，這應該跟中國北方人習慣吃麵有關。在北方初步成功後，康師傅再根據不同地方喜愛的口味，推出不同區域的速食麵，大獲成功。

由於是早期市場的領先者，品牌隨著口碑而快速成功，甚至引發各地經銷零售商搶著進貨的熱潮。因此，頂新可以要求經銷商以現金交易，避免了賒帳、信用卡、支票等問題。因為速食麵的成功，頂新更進一步發展茶、礦泉水和中國式烘焙產品，每一種都廣受歡迎。

案例 11

華碩—以優異品質取得口碑

在科技產業中，進軍中國獲致不錯績效的台灣公司，可以華碩為標竿。華碩早期以主機板起家，由於技術和品質優異，成為許多 PC 大廠的主機板供應商；同時，藉由自有品牌 ASUS

的主機板或準系統，透過經銷零售給自行組裝 PC 的玩家，由此掌握了全球許多的零售通路。

這些優勢為華碩自行銷售筆記電腦，提供了良好的基礎。他們以「華碩品質堅若磐石」的高品質定位，提醒消費者華碩筆記型電腦擁有與主機板一樣的品質。1997 年 10 月華碩以自有品牌進軍中國大陸，投資人民幣 30 億元，在蘇州成立最大的生產基地，期望大陸廠區成為生產與研發合一的基地，並一口氣成立五家子公司以及十三家下游廠商。

此外，還斥巨資進軍大陸多媒體教育體系市場，捐贈電腦給學校，聯手打造大陸多媒體教學的教材和軟體。1999 年第三季，華碩推出自有筆記型電腦之後，首先在大陸十四個城市包括北京、上海、廣州、成都、深圳等城市成立「皇家俱樂部」快修中心，提供兩小時筆記型電腦快速維修服務。

送修的電腦使用者，可在裝潢如五星級飯店的「皇家俱樂部」內休息、看報紙、讀雜誌、喝咖啡，悠閒地等待電腦修好。這種服務方式在大陸是首創。華碩也在大陸三十多個主要城市設立服務中心，採專賣店出貨的方式，以維持品牌形象。

以上的佈局，讓華碩品牌與國際上重量級的品牌，並駕齊驅。華碩在大陸消費者心目中，評價甚佳。

第三章

中國政府因應社會危機

　　根據 2011 年 4 月 28 日中國第六次人口普查結果，2010 年
11 月大陸人口總數約 13.4 億人，過去十年人口平均成長率僅
0.57%。以下是過去出生人口和生育率的數字。

中國人口成長速度緩慢

年份	出生人數（萬人）	總和生育率 (%)
1970	2774.4	5.81
1990	2407.9	2.17
1995	2073.4	1.78
2000	1778.2	1.71
2005	1621.4	1.80
2008	1612.2	1.80

施行三十年的「一胎化」，固然緩和了中國人口增長的壓力，卻也造成了人口嚴重失衡的現象。依年齡所統計的人口分布圖不再呈現金字塔狀，反而出現底部年輕人口偏少的現象。

人口快速老化的警訊

這代表著依賴年輕勞動人口的產業，將面臨缺工的危機。有識之士正呼籲中國政府研擬「二胎政策」，導正過於快速的節育政策。從消費角度看，在中國政府推行「一胎化」政策的沿海城市，中產階級家庭花在獨生子女身上的錢，比過去花在四、五個子女身上的錢還多。父母加上兩邊的祖父母，都願意花錢給唯一的小孩，這種現象被稱為「六個口袋症候群」。

此外，大陸 60 歲及以上的人口佔人口總數的 13.26%；65 歲及以上的人口佔 8.87%，分別較十年前提高了 2.93% 和 1.91%。0 至 14 歲人口比重在十年內大幅減少 6.29%。

人口老化速度是一個令人擔憂的趨勢，預估到了 2020 年，60 歲以上的人口就會佔 16%，2030 年則將佔總人口的 22%。中國政府為老人化社會所做的準備還不夠，例如健康和社會保險。未來，工作者的負擔將十分沉重。

正視農民工邊緣化的困境

過去 30 年，大陸憑藉著勞工密集、成本低廉等優勢，成為世界工廠，但也留下了不少後遺症。除了造成資源浪費、環境污染嚴重，同時也使得貧富差距擴大、城鄉發展失衡。

根據一份加州大學的調查報告，一台在美國銷售金額為 299 美元的 iPod，追根究底地分析其產銷價值鏈，會發現最後組裝的工作（大多在中國大陸）只佔了 4 元。過於追求加工出口的製造產能，而未提升附加價值，造成了現在的問題。富士康員工跳樓自殺的悲劇，促使許多人注意農民工的困境，也加快了政策的調整。

新生代農民工總數至少一億人，他們離鄉背景到沿海省份打工，融入城市的願望強烈，但是其中很多人進入城市後，難以找到合適的社會位置，面臨著邊緣化的困境。

跨入新世紀以後，中國社會主義現代化建設進入了一個新階段：一方面經濟持續高速增長；另一方面社會矛盾益加凸顯。因此，為了根本解決過去結構性的問題，大陸接下來的五年規劃，將關注「擴大內需、帶動科技創新」的產業發展新模式。

第四章

啟動十二五計劃有商機

　　中國總理溫家寶在 2011 年全國人民代表大會及政治協商會議期間，特別提到「十二五」的工作重點。他提出政府在提高經濟增長的質量和效益上，要把發展和所得的成果用在民生上。他也強調，絕對不能再以犧牲環境的代價，換取經濟高速成長。

　　北京清華大學經濟管理學院中國研究中心主任魏傑，在台北的一場演講提到，「十二五」的規劃，以「轉變增長方式」和「調整經濟結構」為兩大核心關鍵。中國大陸將從出口導向轉為進口導向，逐漸放棄由國家完全控制外匯，達到買賣自由化。內需市場將是發展重點，期望人民的消費佔 GDP 的比例，

由目前的 1/3，提升到五年後的 50% 以上。

　　根據 2011 年 3 月中國大陸政府公布的「十二五」規劃綱要，「十二五」時期是全面建設小康社會的關鍵時期，是深化改革開放、加快轉變經濟發展方式的攻堅時期。在指導思想的章節裡，強調以科學發展為主題是時代要求，關係著改革開放和現代化的建設全局。科技的進步和創新是調整經濟結構的動力。

戰略性發展七大新興產業

　　若有意逐鹿中國市場，以下綜合分析「十二五」規劃綱要，這些指導原則對市場的影響至關重要。中國大陸未來五年的發展策略如下：

一、堅持擴大內需戰略，保持經濟平穩較快發展。

二、推動農業現代化，統籌城鄉發展，加強農村基礎設施建設和公共服務。

三、發展現代產業體系，提高產業核心競爭力。

四、加速建設資源節約型、環境友好型社會，提高生態文明水平。

五、深入實施科教興國戰略和人才強國戰略，建設創新型國家。

此次規劃特別提出七大新興產業發展策略，包含了新能源、新材料、節能減排、生物科技、新能源汽車、高端裝備製造，以及新一代信息、技術等。

中國大陸政府預估，十年後七大新興產業產值，佔中國大陸 GDP 比重，將從目前的 1% 躍升至 15%。十年後產值增加 15 倍，將達到 47.4 兆新台幣的規模。計劃中揭示：「再經過十年左右的努力，戰略性新興產業的整體創新能力，和產業發展水平將達到世界先進水平，為經濟社會持續發展提供強有力的支撐。」

市場環境仍有利於台商

2011 年兩岸 ECFA 計劃啟動實施，這也是中國大陸經濟步入「十二五」規劃期的第一年。雙元啟動，兩岸經濟合作由此邁入歷史新階段。

往後幾年，經由 ECFA 後續協商的循序漸進，兩岸經貿交流的關稅和非關稅壁壘將漸進消除，為兩岸經貿資源優化整合營造良好的市場環境。台商可以積極投資於大陸市場內需的產品，也可以經營零售、配銷、物流和金融等服務行業，掌握「十二五」提升服務產值的機會。

另外新興戰略產業中，許多項目將為台商的技術和創意帶來更多商機。中共五中全會聲明中，期望兩岸關係改善，建議在「十二五」期間「要牢牢把握兩岸關係和平發展主題，深化兩岸經濟合作，積極擴大兩岸各界往來，推進兩岸關係和平發展。」

貿協領軍建立通路

自 2009 年起外貿協會協助台商在大陸推廣產品，首先建立南京的「台灣名品城」，鼓勵台灣商家進駐，接著又舉辦巡迴的商展，在許多城市都掀起熱潮，吸引廣大群眾的參觀採購。

南京市是第一個試點，在短短四天內，共湧入約 26.8 萬的觀展人數，達成超過 200 億的交易量，創下南京歷年會展之最。其他城市的展出也十分成功，這一個巡迴展對於促銷台灣名品、提升台商形象做出莫大貢獻。

根據估計，2010 年的巡迴展覽共吸引了超過 170 萬人次參觀，創造了約 800 億元的商機。

為了幫台商深耕大陸通路，除了鼓勵投資、廣建台灣商城外，貿協並協助台灣科技公司，用百腦匯商城已經有的賣場，舉辦「台灣科技精品展」，協助台灣優良的科技品牌開拓市場，

增加曝光度與知名度。貿協這些活動有效地拉拔了台灣產品的聲勢，對於有意拓銷大陸的台灣廠商幫助良多。

Part 4

[數位經濟的挑戰]
鼓動行銷通路革命

書籍、雜誌和 DVD 錄影帶等產業,一個接著一個面臨了存亡的關頭。

類似 iPod 顛覆唱片產業的故事,幾乎可能在任何一個產業發生,

只是影響層面的寬窄不同而已。

改變的主因是數位電子技術普及,

讓傳統通路的角色和功能完全消失或大幅度改變。

第一章

現況：產業震災持續不斷

2004 年 2 月，美國最大的音樂商城淘兒唱片城 (Tower Record) 宣布破產倒閉，當時引起許多人的嘆息。其實淘兒的收益能力及銷售成績相當不錯，即使多年來經受下載網站猛力衝擊，仍然存活下來。

但是蘋果電腦一推出 iPod，淘兒又失去了一大群過去使用隨身聽的 CD 唱片愛好者，因而加速死亡。台灣的 CD 唱片產業在最高峰時，一年有 100 億台幣的銷售量，但從 1990 年後一路下滑，至 2002 年時只剩 60 億。不久，街上可能再也找不到賣 CD 的地方，因為音樂產業的本質已經改變。

人們購買 iPod 的目的在於便捷地收聽好聽的音樂，從網路下載 MP3 音樂檔是一個很好的構想。過去許多網站沒有獲得唱片發行公司的授權，但蘋果能取得授權，並且有足夠好的網路服務，因而創造了龐大的商機。

這種數位取代實體媒介的故事，佔據了許多新聞版面。書籍、雜誌和 DVD 錄影帶等產業，一個接著一個面臨了存亡的關頭。台灣的連鎖書店和唱片行倒閉的數目驚人，街頭的錄影帶租片店家也日漸消失。誠品書店承認經營書店已經不能賺錢，現在改用經營購物商圈或商城的觀念，書店只是吸引消費者前來的重要原因之一。

包括美國和英國在內，過去兩年許多歷史悠久的地方性報紙，撐不過不景氣的寒冬而宣布破產，連實力強大的華盛頓郵報和紐約時報也宣佈聯手發展網路報，宣告了實體報紙面臨嚴重的危機。在台灣，天下雜誌推出供 iPad 閱讀的即時雜誌，出版社也紛紛積極尋找網路出版的合作夥伴。

傳統通路大幅消失或改變

類似 iPod 顛覆唱片產業的故事，幾乎在每一個產業都可能發生，只是影響的層面寬窄不同而已。這些改變主要的原因是

數位電子技術的普及，讓傳統通路的角色和功能完全消失或大幅度改變。

在新的數位經濟裡，許多商品（如軟體和電子娛樂）不是實體的，顧客藉由象徵性符號所傳遞的訊息，就能獲得所需的滿足。即使最後還需要實體的產業，例如醫藥和汽車，由於這些產品蘊含了大量的知識，他們的價值愈來愈由嵌入的知識而定，而產生和傳遞這些知識很大的部份有可以藉由電子信號，所以在供需方面的知識流通也將大量借重網路，取代了許多傳統通路商的角色。

網際網路和數位電子的技術正在快速而且大幅度改變人類社會的文明，如同 IBM 前董事長路・葛斯納 (Lou Gerstner) 所說：「有時，科技或創意的本質是如此豐富、力量是如此強大、如此地放諸四海皆準，以致於它的影響力足以改變一切，例如印刷機、日光燈、汽車、人為駕駛的飛機等。這些事物並非常常發生，但一旦它發生時，世界便會永遠改變。」葛斯納看準電子商務對於人類會產生革命性的影響。在解救 IBM 的重要關頭，他擬出 e-Business 的願景和策略，完成了精采的逆轉勝。

歷史告訴我們，當環境發生劇烈變化，社會結構隨之改變時，也是許多新機會產生的時刻。由於網際網路和相關科技革命性的突破，人類的生活將呈現全新的風貌，企業經營型態及

消費者生活方式將會大幅度改變，行銷通路也必然會隨之創新應變。

為了深入了解這些改變，我們必須對新科技本身的現況，以及演變的趨勢有更多的認識，由科技的影響來思考行銷通路結構性的改變。在資訊與知識密集的產業通路中，仲介商的角色、商務的型態以及相關創新的經營模式等，尤其值得重視。

資訊傳遞變成體驗式的

所謂的「數位經濟」(digital economy)，是以數位革命和資訊業的管理為基礎。資訊有許多不同的特質，它可以無止盡地差異化、客製化和個人化；可以傳遞給許多在網路上的網友，並且瞬間即能到達。某種程度而言，資訊達到一種公開、透明的境界，它讓大家的消息更靈通，並做出更佳的選擇。

新經濟的組織形態，傾向於扁平式、分權化，並且對員工的創新精神採取開放包容的態度。數位經濟產生了報酬遞增的現象，亦即一旦吸收了第一次製作數位版本的成本，後面的製作邊際成本趨向於零，於是產生了巨大的獲利潛力。許多產品也呈現網路效益，產品吸引愈多人使用，價值也愈高。

更有趣的是，在數位世界裡資訊空間完全不受三度空間的

限制，要表達一個構想或一連串想法，可以運用的方法包括指標、書籤及搜尋引擎等等；讀者可以叫出想要進一步了解的內容，也可以完全忽視它。

我們可以把數位文件的結構，想像成一個複雜的分子模型，你可以重新組合資訊，詳細解釋各個句子，並且當場為字詞下定義。這種閱讀方式產生新的體驗，讓閱讀增加了前所未有的樂趣。

體驗經濟，是一種創意市場，帶動新樂活運動。在傳統實體世界裡，儘管你可以任意翻閱一本書，你的視線可以隨心所欲地駐足於書中的任何一部份，但是書籍本身仍然受限於物理的三度空間。

網路通路所傳遞給讀者的不只是內容本身，也為人類知識的活動開啟了新紀元。我們可以將這種超媒體想像成一系列伸縮自如的訊息，其內容根據讀者的動作來延伸或縮減。在開啟了一個觀念之後，從多種不同的層面詳細分析它。所有的多媒體都隱含了互動的功能，而消費者已經深深喜愛上網路傳遞的多媒體形式訊息。

商品的民主作風－資訊公開、透明

行銷通路在現代經濟活動中佔有十分重要的地位，隨著全球化的自由經濟發展，以及網際網路所促成的電子商務興起，通路結構、功能與角色都正在形成革命性的典範移轉。

未來的企業必須瞭解這些轉變的涵意，以作為企業策略規劃及重要決策的參考。除了網路興起所帶來的改變外，在實體的通路中，許多新興的零售方式，例如便利超商、折扣量販等，也藉由科技和創新的經營模式，改變了人們的購物習慣。資訊民主化、透明化，造成消費者權力大增，廠商則積極地針對個別消費者的需求，設計量身訂做的商品與服務。

以旅遊業為例，過去旅行社掌握了各種資訊以及特惠價格的商品，消費者無法獲得完全的資訊。現在消費者不費吹灰之力，在網站上就可看到各家航空公司和飯店的定價資訊，消費者可以跳過旅行社，直接訂購。許多學者把這種現象稱為「商品的民主作風」(democracy of goods)。

第二章

新的中間商介入市場

　　資訊仲介 (infomediary) 的觀念，首先由約翰・海格三世 (John Hagel III) 和傑弗瑞・瑞波特 (Jeffrey F. Rayport) 於 1997 年提出，主要是為了解釋電子商務交易中新增加的中間商角色。兩位研究者認為，隨著網際網路的普及，廠商變得十分重視網路消費者的背景資料和喜好等資訊。而消費者則體察到自己相關資訊的價值，不願意輕易把資訊交給廠商，因此出現以仲介消費者資訊為主要活動的中間商。

　　這個論點引起行銷學界廣泛的討論，許多學者同意，電子商務並未如原先預期的消除了中間商，中間商的數目不減反增。到底為何會出現這些新的中間商？新的中間商的功能和貢獻是什麼？對原有行銷通路的影響為何？

雖然最近幾年已有愈來愈多的研究者投入，但是由於電子商務的技術創新仍然快速，大多數文獻並無法做較有系統的探索或印證。我們期望能藉由對於資訊仲介的深入探討，找出資訊仲介的存在原因、資訊仲介在行銷通路系統中的功能、以及資訊仲介對於行銷通路變革所產生的影響。

為了深入了解資訊仲介，除了原有行銷典範所強調的經濟和行為因素以外，我們特別重視由數位化和網路化所形成的技術面變化，從「資訊流的演變」為行銷通路尋找新的典範。

資訊流雖為行銷通路理論舊有的觀念，但隨著許多產品數位化程度的提高，資訊流的本質和功能都出現非常明顯的改變。接下來，我們將試圖剖析資訊流，為行銷通路研究開啟一個新的方向。資訊流本質的變化，加上網路化帶來的低成本資訊交換，終於造成行銷通路震撼性的變革。

過去的通路理論，許多已不適用

行銷學者過去所發展的許多以實體產品為主的理論，皆難以解釋數位化程度或資訊密集度較高產業的某些現象。例如，過去行銷學者強調行銷通路所創造的時間和地點效用，由於網際網路具有顛覆時空的特質，因而行銷通路在時空方面的效用已

不復存在，或已大為降低。

再如，行銷理論認為通路成員在產品花色齊備或倉儲管理上，貢獻良多，但新興的網路直銷已使供應廠商有足夠能力自己安排，大幅度降低了對中間商（通路商）的需求。

另一方面，由於資訊的重要性與日俱增，而製造商或服務供應商本身在資訊的提供、編輯、管理或應用方面的能力不足，或因缺少與終端使用者的聯絡管道等因素，反而需要資訊仲介的協助，形成全新的行銷通路型態和模式。這些新的型態和模式與過去行銷學者所主張的行銷通路理論大異其趣，有必要重新尋找新典範。

10 年來電子商務前仆後繼

隨著網路人口的增加，電子商務市場快速成長，激發了企業創新和投資的熱潮。許多新設的公司利用網站直接銷售商品與服務，取代了原有的行銷通路。美國的亞馬遜 (Amazon.com) 讓消費者在線上購書，跳過了零售書店，發展十分迅速。台灣的 104 人力銀行則以網路作為人力仲介的通路，成效卓著。

但是過去十年來投入電子商務失敗的案例也層出不窮，利用網路取代原有通路卻失敗的原因有很多。首先，網際網路是一

個複雜的架構，技術上尚有許多問題，管理上並無專職機構掌管。網際網路在成形的初期幾乎是由學術界管控，學術界採取了民主與自由的建構方式，網路大多數是靠熱心且自發性的使用者維繫，形成一種社群文化，崇尚自主性，甚至不歡迎商務使用。因此，商務上所需電子的安全管控功能相當不足，保密機制也付之闕如。

其次，最初積極於建立電子商務的企業，很多屬於純粹虛擬商店，亦即只提供網路交易，忽略了實體配送及跟消費者接觸的重要性。

第三，由於新投資者錯誤的判斷，誤以為只要增加佔有率即可確保成功，造成惡性的低價競爭。新創企業往往花費大筆廣告或贈品吸引消費者上網，卻無法獲得顧客的重複購買，以致資金迅速用盡。

第四、企業往往過於重視網路的技術，忽略了經營策略的重要性，應該先有清楚的策略，才思考技術上配合的做法，但許多企業的做法正好適得其反。

8 個行銷通路新觀念

以下八項主要的變革，造成近十年來，行銷通路的理論與實

務脫節的現象。經營者勢必要注意這個落差，改以新的觀念來規劃通路。

一、行銷通路的活動，由實體為主邁向數位為主。

二、行銷觀念由生產者導向轉變為顧客導向。

三、線性而依序的行銷流動，為非線性而動態的流動取代。

四、雙邊穩定的通路價值鏈關係演變為協同合作的價值網絡。

五、時空限制打破，行銷出現許多創新模式。

六、行銷對象由大眾化、標準化，走向個人化、客製化。

七、資訊處理成本大幅降低，脫離實體成為重要價值的來源。

八、行銷溝通方式藉由資訊技術而達到大規模的即時互動。

透過資訊連結「虛擬」企業社群

　　傳統的行銷通路是建構於實體配銷的需求和落伍的資訊流通平台上；實體產品的販賣與運送，順著上、中、下游的中間商而交遞到顧客手中。物流、商流、金流和資訊流則依序傳遞，形成線性而有順序的配銷價值鏈。中間商與製造商之間通常互相依賴且關係較為穩定持久。

　　資訊社會形成後，有愈來愈多的企業和個人不再從事與實體生產、配銷有關的工作，而是創造、處理或分配資訊。

拜數位科技之賜，資訊大多以「位元」(bit) 的方式，在虛擬的環境之中傳遞與交換。位元為數位化資訊最小的元素，可以用光速在光纖網路或空氣中傳遞。資訊和網路科技使「處理和分配」位元的成本巨幅降低，多媒體和超文件等軟體技術，更使位元的連結和呈現更為輕巧靈活。

資訊社會中，純粹由位元形成的產品或服務佔的比例日益增加。即使是實體產品，在生產和分配的過程中也採用了資訊技術，以提高效率和效能。彈性而以電腦整合製造的工廠，配合以電子為基礎的供應鏈，和行銷端的顧客關係管理，創造了一種全新的典範。

在產品和服務的活動中，資訊和位元所佔的成份變成十分重要，而網際網路使人與人之間的溝通變得成本低廉且容易。全世界形成了一個以網路為基礎的虛擬社會，也逐漸形成商業方面的虛擬企業社群。

企業使用方便而低廉的資訊技術，與顧客間溝通和互動的成本大為降低，因此許多製造商直接銷售產品給消費者，開展企業對消費者的電子商務。同時也出現了企業與企業間的電子商務。由於溝通和互動的方便性增加，企業供應鏈的分工比過去更為細緻，價值鏈遂逐漸為一個價值網絡所取代。參與產銷的合作夥伴，可以十分有彈性而靈活的形成一個虛擬的加值網。

傳統配銷價值鏈示意圖

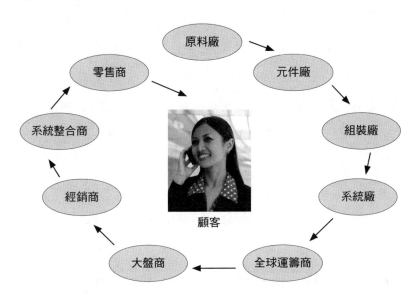

顧客

關鍵字：去仲介化與再仲介化

以「位元」為基礎的產品與實體產品還有幾個重要差異：首先以「位元」為基礎的產品，很容易複製，而複製後原有的產品絲毫未損。這與實體產品賣出後，所有權狀由賣方轉到買方不同。其次「位元」類的產品可以提供給許多人同時共用，而實體產品在同一時間只能給一個人用。第三，「位元」產品幾乎沒有重量，運送成本幾近於零，因此沒有地理上的障礙。

由於以上的特質，在行銷通路方面的做法，「位元」類的產品應該迥異於一般實體產品。單純從成本面來看，資訊或位元類的產品應該以直銷模式最為有利，許多中間商將因而消失。

例如將音樂附在實體 CD 上販賣，需要經過經銷商和零售商。數位化後的音樂理論上可以直接透過網路賣給消費者，不需要中間商。但是實際的情形並非如此，中間商存廢的情形歷經過以下兩個階段：

去仲介化 (dis-intermediation)：由於網際網路提供了便利的溝通管道，許多企業於是採用直銷，跳過了中間商，一部份的中間商及其功能因而消失，稱為去仲介化。在電腦硬體銷售產業中，戴爾電腦用網路直銷取得市場上很強的優勢，並迫使康柏改變通路策略，跳過零售商而直接賣給使用者，這就是一個去仲介化的例子。

再仲介化 (Re- intermediation) 與多仲介化 (Poly- inter-mediation)：直銷的模式固然消除了許多實體的中間商，卻也因為利用網際網路進行電子商務，必須建置複雜的資訊系統和網路環境。資訊的成本雖然變低，但是買賣雙方都可能必須面對非常多的資訊，因此難以找到最理想的交易對象。

於是由於交易上文件交換、信用保證等的需求，而出現了一批以電子商務為基礎的新中間商，這就是再仲介化。也有可能

新舊型態中間商同時並存，形成多仲介化的商業樣態。新的仲
介包含了入口網站、搜尋網站、網路服務、內容服務等公司。
行銷通路並未消失，只是換了不同的成員。

第三章

規劃與設計多通路行銷

正由於市場區隔的細緻化，以及新興的通路經營模式，形成了行銷通路多元化的發展。企業應該關注最終消費者的需求，思索他們期望的購買方式，逐步建立一個多元的通路行銷網。

以現況來說，固然網路商店佔領了一些市場，但是實體商店也設置了網站，消費者可以直接下訂單，店家便增加了網路直銷的生意。由於他們在實體配銷的物流和運籌上已有很好的基礎，交貨的運作和顧客服務方面往往比純網路起家的公司好。

例如 SOGO 百貨，因為實體銷售獲利良好，而建立了優異的管理系統，甚至發行自己的會員卡，當他們設立網站後，馬上可以針對自己的會員提供更方便的服務。虛擬與實體的結合

是一個新趨勢，結合這兩種優勢的公司將是大贏家。

思科是另一家運用網路成功的公司，它用網路跟加值經銷商連接，經銷商送訂單時也將市場的反應送回來，讓製造廠可以知道市場面客戶的想法。思科同樣也利用網路訓練經銷商的工程師，並傳送安裝指示等說明，這也比以前純實體時的做法省事許多。經銷商或大型顧客可以藉由網路自行選擇搭配的網路設備，透過思科的網站下載及更新軟體，每年可為顧客節省可觀開支，更重要的是也讓顧客的滿意度大增。

關鍵是配合顧客的需求

過去幾年在悅智全球顧問公司的協助下，台灣睿智公司為他們的商業分析軟體 Analyzer 擘畫了全球通路地圖 (channel map)。他們先以合作夥伴微軟在美國的加值經銷商為優先通路，藉由和幾家已有規模的加值經銷商合作，成功地開拓了美國市場。

同時，也藉由網路直銷和電話行銷，將套裝軟體產品銷售到世界各國。在歐洲，透過人員直接銷售及經銷商分進合擊，獲致良好的成效。以一家台灣的軟體公司，能在短短的六、七年間就立足於全球市場，良好的通路策略和執行上的努力皆功不

可沒。

規劃多通路的整合行銷，要由最終端的顧客需求開始，需針對滿足顧客需求、讓顧客體驗到價值，來設計價值的交遞系統。不同市場區隔的顧客滿足需求的方式不同，因此必須設計不同的通路結構。

現代行銷所設計的通路包含了經銷商、零售商、加盟連鎖夥伴、網路直銷、郵購和人員銷售等非常多元的通路。行銷主管的一項重要任務，便是善用不同通路的特點和優勢，又能在運籌和服務上做到良好的整合，使效率和服務品質達到公司的目標和顧客的期望。

在多通路方案中，若要建立如同戴爾這類直接銷售通路，背後就必須建立一個十分有效率的供應網絡來支持。眾所周知，戴爾的訂單系統一接到訂單就能即時通知供應商，讓許多上游供應商能夠同步進行生產與交貨的動作，因而能夠做到「依單生產、迅速交貨」。

最領先的企業已經建置了一種類似戴爾模式、電子商務的協同行銷系統。如右頁圖所示，協同行銷體系的主要任務在吸引購買者，並建立長久的顧客關係，透過個人化的一對一方式，系統與顧客共同規劃、設計、選擇或生產「契合顧客需要」的產品或服務。電子商務的協同行銷體系通常包含五個部份。

電子商務協同行銷模型

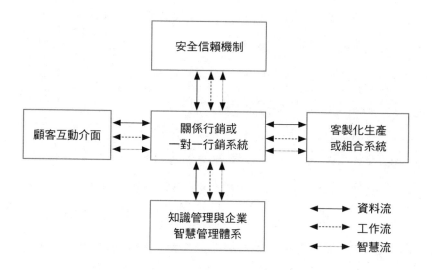

一、創造與顧客即時互動的介面

藉由先進的電子技術，企業與顧客的互動呈現多元而創新的新模式。顧客在個人電腦上透過網際網路連接到企業的網站，固然是電子商務發展的主要基礎，但企業與顧客溝通的媒介還包括電話、傳真、無線手機、個人數位助理 (PDA)、互動式電視等。

這些電子媒介都具備了跨越地理限制、提供即時互動的功

能。行銷動能優異的公司會建立一個靈活而整合的機制，把從各個不同管道進來的購買者需求，經過一個「通路管理系統」分配給適當的系統或人員處理。此外，不同的互動對話機制又能與企業後端支援體系整合，以即時處理購買者的要求事項。

顧客的互動需求包含的範圍十分廣泛，如搜尋資訊、挑選產品、詢價、訂購、查詢交貨、要求後續服務等等。企業必須考慮顧客的便利，設計多元管道的互動系統。

在前端網路店面方面，要如何設計電子型錄和購物車，才能吸引上網的購物者？要如何整合搜尋引擎，使消費者可以快速查到所需的產品資訊？這些都是重要的關鍵。使不同的顧客互動媒介與後端系統相通，在多通路管理系統中更是重要，以確保顧客從不同管道，都能得到快速一致的服務。

後端的服務通常包含了內容管理、交易整合以及顧客分析等，先進的互動系統常在網頁上設有「點選對話」(click-to-talk)的按鈕，讓網路使用者可以與企業的客服人員講話，也讓顧客在自助服務與客服電話服務間靈活選用。

二、建立極為安全的交易機制

為了與顧客完成客製化的合作關係，企業需要獲得購買者的

信任；一方面去除安全與隱私的疑慮，另一方面又能確保交易進行成功，杜絕欺騙或使顧客不滿的任何情形。企業在內部要做的事，首先是建立一套安全可靠的網路及管理系統，在處理顧客相關問題的時候，防止因為任何不正常的操作或入侵而影響到顧客權益的事。

網站與內部系統之間的防火牆和網路安全機制也同樣重要。由於網路行銷面對的是一個開放的網域，身分認定十分重要，可以藉註冊登記減少冒名欺騙的機會。更進一步的做法則透過專業的身分認證機構（例如 CA），以電子簽章等方式辨認。

另外，銷售者的信譽十分重要，企業可用內部或外部的機制，增加購買者的信任感。內部的做法是以契約、保證等，提供給購買者實質的保障；外部可以借重公正的評等、信賴標章、認證及稽核等方式，贏取購買者的信心。

經營社群或請意見領袖代言，也是常見的建立信任方式。消費者也會因為企業提供的退貨政策、糾紛調解等做法增加購買意願。因此，行銷系統也必須有處理這些狀況的機制和流程。

三、做到差異化的一對一行銷

企業針對消費者個別的需要和要求，進行差異化的行銷活

動，往往可以創造更高的價值，並贏得顧客長期而忠誠的喜愛。在 B2B 市場裡，行銷者未必針對每位使用者提供個人化服務，但是可以根據企業顧客的整體提供特別的服務，這種情形也歸類於一對一的行銷範疇。

許多電子商務公司從與顧客的互動中，獲得精確的需求，再配合顧客資料庫裡的背景資料，為顧客提供不同的行銷組合，讓顧客在充分參與中，做出購買的決定。詳細做法如下：

（一）產品方面

購買者在搜尋產品資訊時，會輸入需求的條件或用途等資訊，網站接著引導購買者進入相關的網頁，這些網頁往往能提供更多的說明，以給予購買者更多決策參考的依據，並且網頁還會設計問卷，或讓顧客用詢答的方式做互動，以增加彼此的了解。

為了滿足購買者的需求，網頁上可以提供自助式的選擇軟體，以類似點菜的方式選擇規格和配件。進一步的客製化需求，則會連接到後端的客製化系統去進行。個人化系統主要是讓顧客的不同需求獲得不同的行銷互動。

（二）價格方面

雖然大多數網路購物的定價是固定的，但也有愈來愈多的電子商務公司採取動態定價。許多公司給予會員和長期顧客優惠

價格；有些則允許顧客自行提出期望價格，由行銷者尋找可以滿足顧客的方案。網路拍賣或競標是電子商務創新的一種經營模式，價格由競標者自行決定，成為一種新的商務模式。

（三）推廣方面

利用電子郵遞或個人網頁，行銷者開創了個人化行銷的新局。行銷者可以針對消費者個人的興趣發出客製化的電子信，鼓勵互動並引導到為個人提供的網頁。利用內容管理系統，網站一旦確認上網者的身分，便可以啟動顧客資料庫、線上分析程式等工具，進入個人化引擎，經過快速處理後，就能產生個人化的網頁內容。這些內容比一般給大眾的內容更適合來訪的網友。

如果是已經登記的貴賓，更會引導到特製的網站，以密碼進入後，可以查詢許多有價值的資訊。很多電子商務的廣告採用小眾情境式，例如搜尋某些特定關鍵詞後出現的廣告，目的便是為了鎖定極少數的消費者。

（四）通路方面

如果實體產品有既存的實體配銷網絡，可以讓購買者選擇交貨或服務的通路商，也可以進一步用超連結讓經銷商與顧客對話。若是數位化的產品，更可以由購買者決定傳送的媒介，例如用網際網路、傳真或手機等。即使顧客與企業直接交易，也

可以選擇與客服人員聯繫或自己在網路上下單。

（五）服務方面

不同顧客購買的產品不同，要求的售後服務也不同。個人化的服務機制十分重要，諸如使用說明、教育訓練、維修保養等工作，往往依照顧客資料庫的基本背景資料和採購紀錄，來作為服務派遣的重要根據。簽訂保養合約的顧客往往願意提供更多的資訊，以便企業設計符合期望而又貼心的服務。

四、知識管理與企業智慧系統

行銷的工作需要結合資訊與經驗，因此會在企業裡累積許多有價值的知識，這些知識大多是顧客資訊，或是提供給顧客的解決方案。

產品公司一方面把產品資訊完整地製作成電子型錄，供購買者仔細瀏覽評估，另一方面累積顧客與潛在顧客的資訊，建構龐大的資料庫，最後還有由顧客龐大的交易資料累積起來的資料倉儲。

以前公司得用人工整理分析這些資料，耗費過大；現在先進的軟體使分析工作變得快速而又成本低廉。藉由網際網路，知識管理的觀念更快速地擴散，行銷部門可以運用資料掘礦(Data

Mining)、統計分析或類神經網路等技術，迅速分析顧客的購買型態及同批購物籃的產品，變成強有利的行銷利器。

這種「線上分析程式」(OLAP) 可以簡單也可以複雜。簡單的方法如微軟試算表提供的複迴歸函數，可以分析預測消費者購買產品的機率；複雜的系統則採用人工智慧分析軟體，例如決策樹、類神經網路和基因演算等方法來幫助決策。

五、客製化生產，滿足客戶需求

一對一行銷促使企業重視客製化生產，以滿足更多個別購買者的需求。一個汽車購買者要求噴漆的顏色；一個電子報訂戶希望看到特殊領域的資訊；一家公司訂購的個人電腦要先安裝專屬的軟體，這些都是客製化的機會。

企業要做客製化生意，一方面需要建立彈性生產系統，能夠接受少量多樣的訂單；另一方面則需要與供應零組件和外包合作夥伴，建置良好的資訊網路系統，確保供應鏈的供應可以動態地回應個別顧客的需求。

行銷部門與這些生產或外包系統，都要以網路連線，並在規劃、生產排程、交貨控制上有良好的整合。對於非標準規格的客製化需求，更需要有一套例外流程，由設計部門共同處理。

在一個以長期依賴為基礎的關係中，買賣雙方基於互惠與共同利益，願意交換個人化的資訊，增加互動對話而產生客製化的產品（或服務）。這個過程中雙方都付出心力，共同創造價值，解決問題。

有些學者把這種顧客參與設計與生產的現象稱為「產耗」(prosuming)，換句話就是消費者參與了生產與消費的整個過程，消費者往往願意為此種產耗經驗付出較高的價格。

以行銷為主要核心的企業，並不一定自己從事客製化的生產活動，如能協調供應商體系，提供給消費者良好的經驗以及滿意的方案，也能創造可觀的價值。依單生產的客製化產品，需要一個快速回應的供應商體系，利用供應鏈管理系統銜接上游供應商系統，可使訂購接單和交貨的流程自動化。

但是，進一步的彈性動態系統，需要電子採購、XML 為基礎的交易系統，以強化供應商體系各成員的協同合作。協同行銷者要能依照顧客需求，協調設計和生產體系，快速而機動地產製或組合成讓顧客滿意的方案。

第四章

數位化資訊流的強大功能

　　如果說將上一章協同行銷的五個體系，看成是人體器官的話，資訊流則是指揮和協調這些器官的神經信號，而器官之間則是互相傳送資訊的神經網路。

　　數位化使得協調溝通的工作在網路上即可達成，無數的數位信號穿梭於網路之中。在這些信號中，有些只是傳送人員和電腦需要的資料訊息；有些則具備工作程式或流程程序，用以指揮其他的系統；更有部份具備學習、分析和判斷能力，屬於智慧層次的流動。

　　在傳統的行銷通路中，資訊的流動大部份是指隨著產品移動的文件，數位科技使資訊在行銷通路中擔任了創造價值的主要

工作。資訊由純粹內容與訊息，一變而成為操作、指揮與協調的工具。

資訊流一方面協助購買者與整個產銷系統溝通對話，又使產銷系統中的資訊透通程度大增。過去通路上下游之間，往往不能公開而坦白地交換資訊，形成行銷通路中資訊不透明的狀態，因此無法正確與即時地預測市場，產品價格也成為上中下游通路之間的機密。在互相隱瞞之下，過去許多產業的產銷價值鏈形成「長鞭效應」，任何市場的波動，要花很長的時間才會到達供應商，也造成通路中庫存過多且無效率的情形。

讓消費者一次獲取多項資訊

全球資訊網所採用的超文字 (hypertext) 和超連結 (hyperlink)，讓人類的資訊和文件可以更快速地移動。使用者藉著文字或符號背後的連接程式，即可以跳入另一網頁中相關的段落，其效率遠超過傳統文件，而促成這種方式的技術是一種超文字的標誌語言（HyperText Markup Language, 簡稱 HTML），這種語言的電腦程式提供了連結的功能和路徑。

但是 HTML 在複雜的商業環境上有其限制。基本上，HTML 的連結是藉由語法 (Syntax) 上的指令達成連結的動作，並且給

予網頁設計者相當的自由與彈性，因此超文件或超連結可以出現在網頁的任何位置。文字或符號的內容也與連接的動作無關，而是借助隱藏在電腦中的程式執行。

這種語言用在商務上仍需靠人的眼睛在網頁上瀏覽，並由手操作才能達到連結的功效。例如，要尋找合適的產品必須親自瀏覽許多網頁，在資訊爆炸的時代裡，這是十分費時的工作。

近年來，資訊技術的開發者正與學術界合作，發展一種以詮釋資料 (Meta Data) 為基礎的標誌語言，稱為延伸超文字標誌語言（Extensible Hypertext Markup Language，簡稱 XML）。基本上，使用這種語言設計網頁，必須按照標準規範，把文件上的轉變資料包含在內，以便於文件交換的自動化，超連接的執行不再依語法，而可由語意 (Semantic) 完成。

所以，一個網頁的超文字本身的程式，包含了電腦能夠瞭解的語意，而自動找到所要連結的網頁和段落。藉由這種語言，許多廠商不同格式的型錄，可以由超連結自動組合成一個比較表格。

選擇通路夥伴的兩難

在網路行銷通路之外，許多公司到海外市場最先面臨的是選

擇經銷商的問題。通常規模大、能力強的通路商，和實力雄厚的品牌牽涉已深，後起之秀要打入這些通路如登天一樣難。

台灣的友訊是一家堅持自有品牌 D-Link 的網路通訊廠，當初創辦人高次軒在進攻美國市場時，便無法取得一線通路商的合作，轉而和華人經營的小經銷商簽約。這些華人公司具備創業的拼勁，又對 PC 硬體有足夠的了解，確實為友訊打下了一片江山。

但是友訊成長到一個規模後，必須透過美國的大配銷商開拓市場，因此和這些華人夥伴產生了利益上的衝突。有一家經銷商甚至自創 Linksys 品牌，成為友訊強勁的對手。

在中國，友訊很早就與聯想合資成立聯想網絡公司，這是一個理想的通路策略。沒想到後來聯想改組，迫使友訊轉而和分割出來的神州數碼合作，起初一、兩年還共同開發了許多市場，成長快速。

只是其他競爭者的低價策略，造成神州數碼銷售上莫大的壓力。站在合資公司的立場，神州數碼當然清楚自己不能與友訊以外的網路設備廠採購產品，但因為那些廠商的報價實在很低，與友訊所提供的轉移價格有明顯的落差，讓神州數碼對於合資公司的產品價格出現質疑，最後這項合資以拆夥分手作為結局。

　　類似這種經銷通路的問題屢見不鮮。選擇經銷商，是企業拓展通路十分重要而頭疼的議題。對大多數中小型的企業而言，自己沒有足夠資源，利用已有的通路當然是不得不的做法。但是自己的實力又不足以吸引最理想的經銷商，於是經常要冒一些風險選擇條件次等的夥伴，如果雙方的目標沒有足夠的交集，日久就容易產生嫌隙。

　　通常，生產商要求業績成長，通路商則堅持利潤最大化，管理的目標就會產生衝突和矛盾。康柏電腦在飽受戴爾網路直銷的威脅後，也曾試圖啟動一個直銷的模式，但是由於未能贏得主要經銷夥伴的信心，反而促使他們離康柏而去，加速了康柏的衰亡。

　　行銷通路掌握了許多公司的命運，由於全球化和電子商務的衝擊，通路的經營型態正在劇烈地改變。企業一定要謹慎地規劃通路的轉型，以迎接一個新世代的來臨。

協助工程師團隊進軍國際

個案公司介紹

臺灣睿智資訊科技 Strategy companion corporation（以下簡稱 SCC），SCC 由原任職於台灣慧盟的一群工程師在 2005 年建立，專注於商業智慧 (Business Intelligence, BI) 領域，在逐年進行國際化擴展後，成為獲得全球肯定的企業軟體供應商。

　　SCC 的母公司慧盟是做 ERP 以及供應鏈管理相關導入的公司，當時慧盟與顧問公司合作，由顧問公司為慧盟找尋更多更好的機會，協助慧盟的事業發展。而慧盟的一小群工程師，因為做 ERP 建置案，在為企業客製化軟體與應用程式的過程中，發現重複性的工作很多，若能將工程師在建置歷程中開發的工具商品化，成為一個套裝式軟體，應該會很有價值。

以套裝式軟體來銷售，也能摒除專案式建置案會有的地域限制，更容易進行國際化擴展。抱持著對 BI（商業智慧）的熱情，以及套裝性軟體將帶來商業價值的想法，這群慧盟的工程師成立了 SCC，開始慢慢將這套軟體開發出來。同時，也與慧盟時期的顧問公司再次合作，進行一系列管理策略的規劃。

挑戰一：建立商業模式與策略夥伴

初期 SCC 在台灣發展的最大挑戰，在於建置案與套裝軟體相異的營運模式。與做建置案時不同，賣套裝軟體需要與通路大量接觸，並需找尋重要的策略夥伴。

在找尋策略夥伴方面，顧問公司協助 SCC 找到了台灣微軟。以台灣微軟作為 SCC 的主要策略夥伴，有幾個關鍵考量因素。首先 SCC 的產品架構在微軟的資料庫系統— SQL server 上，SCC 的產品發展與設計也緊扣 SQL server 的發展方向，可說 SCC 的產品相當程度補足了微軟在 database management 以及 CRM 的前端，也就是 reporting、BI、以及 data mining 的部份，使得微軟的產品架構可以更加完整。

除了產品與服務的價值能夠補足微軟的需求之外，SCC 的銷售模式也與微軟的合作夥伴和導入顧問相為配合，當 SCC

在銷售產品時，能夠幫微軟銷售它的資料庫軟體，或者是微軟在銷售資料庫軟體時，也能將 SCC 的產品一併帶入。這樣相輔相成的關係，便是 SCC 在初期便能與台灣微軟成為策略夥伴的重要原因之一。

第一階段成果　建立台灣成功經驗

SCC 的產品很快被台灣客戶接受。因為它將許多圖表作視覺化的處理，使得過去需要依賴 IT 部門製造圖表的行銷與業務部門，能夠透過這套軟體，在網路上直接以拉選的方式製造或調整圖表。

使用上的方便，使 SCC 在台灣快速建立許多成功案例，也因為建立起來的成功案例都是各行業中的頂尖公司，包括金融業、流通業、製造業等，使得 SCC 在台灣發展迅速，奠定了良好的基礎。

挑戰二：拓展海外歐美市場

在台灣市場建立成功經驗後，SCC 與顧問公司開始進行國際化的佈局。

考量到微軟是一家美商公司，若使 SCC 產品的發展方向結合微軟對 CRM、BI 的長期願景，與微軟成為良好的合作夥伴，就可以利用微軟在美國的產品開發，以及微軟本身合作夥伴的力量，因此 SCC 選擇了美國作為海外拓展的第一個據點。

釐清通路管理問題

在台灣，SCC 的行銷、業務、服務等皆自己來做，但要擴展到其他市場時，就勢必得依賴通路的力量。顧問公司開始協助 SCC 進行通路管理議題的探討：包括了通路策略、通路結構、通路管理，甚至於通路的成本結構與通路合約、初步的通路召募等，都在顧問公司的協助下一步一步建置起來。

顧問公司也建議 SCC 先由參展開始，藉由參與微軟的展覽，找尋可合作的通路商，以逐步建構起 SCC 在美的通路。另外為了因應美國當地市場差異，針對產品的計價方式、服務的收費方式、合作夥伴的建立與選擇等，都進行了策略上的調整。

第二階段成果　成立美國分公司

2007 年，SCC 順利在美國西部成立分公司，成為第一家專門提供企業用戶 BI 應用軟體產品與服務的台灣企業。

SCC 的套裝軟體在美國市場有許多的應用空間，因此在美國的部份區分成若干事業群，包含以 OEM 的形式銷售、或以套裝軟體的方式銷售的形式。客戶行業別涵蓋網路服務公司、保險業、金融業、以及零售業等。

調查歐洲市場特性

美國市場之後，SCC 開始考慮進入歐洲市場。一開始考慮的國家名單，包括了英、法、德、義等國，後因語言上的考量，

選擇英國作為擴展歐洲市場的初始國家。因為歐洲的產業結構與美國、亞洲大相逕庭，因此顧問公司先進行市場調查以了解歐洲市場。

市場調查包括了兩大部份。一是調查在歐洲市場中，以微軟為中心的系統整合商結構、地區及行業分布狀況、經銷模式等初級資料，包括蒐集與分析。顧問公司首先分析曾經在網路上下載該公司 BI 產品試用的數百家用戶，歸納出試用者的國家、公司類型（終端客戶或系統整合經銷商）、產業、試用後的建議等等，再依據分析資料訂定篩選標準，挑選出受訪名單，由顧問公司的巴西研究員逐一進行電話訪談。

出乎預期地，受訪者普遍樂意接受訪談，使顧問公司於訪談過程中獲得了許多寶貴的資訊。依據這些資訊，顧問公司建議 SCC 必須在歐洲設立至少一個代表處。在找出了機會最大的目標產業、更深入了解潛在客戶想法後，將網路行銷及對試用者的電話行銷定為重要策略。由此，SCC 對歐洲市場的營運模式、產品的銷售模式、目標客戶、行銷策略等，都有了具體的想法。

提供關鍵人力資源

另一部份，顧問公司亦與 SCC 一同參與歐洲重要商展與研

討會，研究員們大量蒐集次級資料，深入了解 BI 產品與服務
之市場趨勢、競爭狀態、通路結構（參考下圖）等等。這對於
日後 SCC 在歐洲，尤其是在英國市場的經營佈局與策略思考
至為重要。市場調查後，根據顧問公司的建議，SCC 開始著
手建立起歐洲通路。此時顧問公司提供了關鍵性資源──一位
在英國與泛歐洲 ICT 市場有 10 幾年業務與行銷經驗的資深顧
問，幫助 SCC 進行通路佈建，同時也協助建立起通路相關的
管理制度，甚至由該名顧問協助進行業務開發，這對於 SCC
歐洲據點的初期營運具有顯著的貢獻。同時間 SCC 善用網路
技術，在網路上廣開 seminar 為客戶介紹產品，亦發揮了相當
大的行銷功效。

SCC 歐洲通路架構

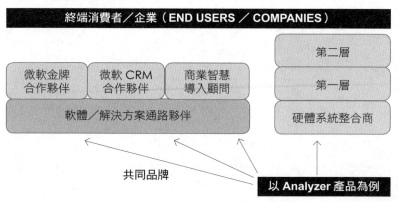

在 2007 年、2008 年間，SCC 的產品便賣入了英國重要的健保體系，而在 2009 年，泛歐洲業績已超越 SCC 在中國大陸的業績。

挑戰三：開拓封閉的日本市場

2009 年開始，SCC 決定踏足日本市場。日本在 ICT 領域引領市場潮流，本身市場規模夠大，並擁有自給自足的體制，許多系統都是由日本公司自行開發的。相對來說，日本的市場比較封閉，外來廠商不容易進入。

因此顧問公司建議進入市場之前，應該先進行可行性評估以及進入策略分析。顧問公司的一名日籍顧問協助 SCC 進行可行性分析，包括 SCC 產品的功能、服務、價值、價格、銷售模式等各方面的 SWOT 分析，幫助 SCC 了解自家產品在日本市場中的競爭力。

另外對於 SCC 產品需具備的通路經營相關能力與可能夥伴條件，也進行深入了解。可行性分析產生了許多關鍵市場資訊，主要可分為價格與合作夥伴兩部份。

價格方面，因為日本的分工體系繁複，分出去的利潤很多，因此進入日本市場不能走低價策略，「便宜又好用」的概念訴

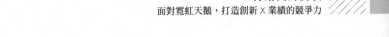

求在日本行不通，高價格配合高價值才是產品在日本市場得以成功的關鍵因素。

另一方面，在合作夥伴選擇上，由於外來廠商必須仰賴在地的通路夥伴進行行銷、銷售，甚至產品與市場方面資訊的回饋，因此，顧問公司建議以對日本 BI 應用領域以及市場有足夠認識，也有良好客戶基礎的代理商作為 SCC 進入日本的初期策略。

第四階段　召募當地經營團隊

2009 年年底，SCC 正式進入日本市場，2010 年開始陸續進行業務開發，也開始建立成功案例，並由日籍顧問協助招募當地業務人員，幫助建構 SCC 的日本營運團隊。

通路管理 Part I：
召募通路夥伴

[個案 1]

A 公司產品行銷至全球幾十個國家、數千個據點，中間透過經銷商、零售商，最後抵達消費者。

競爭者 B 公司選擇獨家通路的市場進入策略，以誘人的條件與強勢的獨家通路合作，在進入新市場之初，即快速提升知名度與市佔率。但隨著通路的消長以及競爭產品的改變，獨家通路的策略反而限制了 B 公司產品的鋪貨，產品市佔率下滑至幾乎離開市場。

競爭者 C 公司選擇網路通路，直接在網路上銷售商品，省去許多經銷商的費用與上架費，但在網路上炒紅了商品後，許多消費者想至實體通路摸一摸產品，期待卻落空。

　　顧客、產品以及通路是構成市場的三個核心架構，而行銷管理最大的挑戰之一，莫過於在廣大的市場中找到對的顧客，進而將行銷資源及通路佈建聚焦於目標客戶群。因此在選擇通路組合（進行通路佈建）前，更優先的是「市場區隔」與「目標

客戶群」的選擇。

市場區隔的方法分成幾步驟，首先應將所要推出的產品或服務做清楚的描述 (Top Box)，目的在凝聚工作團隊的共識，並使後續的討論與計劃開展聚焦於一個範圍內。

作出市場區隔，找到目標客戶群

接著工作團隊以腦力激盪的的方式，盡量提出各種可能影響行銷相關決策的問句，例如：who, when, why, how, at what price 等，並於每一問句後提出具差異性的答案。於此之前，須注意工作團隊對所處行業的專業知識、實務經驗是否完備，以及市場情報的蒐集分析是否完整。

決定行銷策略 · 腦力激盪總表

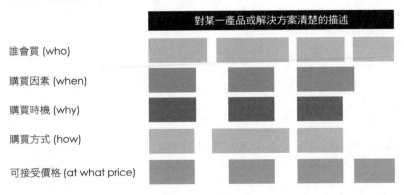

	對某一產品或解決方案清楚的描述			
誰會買 (who)				
購買因素 (when)				
購買時機 (why)				
購買方式 (how)				
可接受價格 (at what price)				

依據產出之資料，可在上圖方格間以直線連接，便形成各個不同之市場區隔。接著賦予每一個有意義的區隔一個清晰的陳述，並以市場現狀、成長趨勢、市場大小等等量化每一個市場區隔。

　　最後，從公司目標、策略、競爭優勢、資源等各方面影響競爭力之要素，評估每一個市場區隔的優先順序，進而選定目標客戶群。

按前述設定，規劃專屬通路地圖

　　選定目標客戶群之後，工作團隊可依產品、市場特性以及消費行為規畫通路地圖 (Channel Map)，即產品從製造商（供應商）到達顧客（最終使用者）的路徑圖。由於不同產品或服務的消費行為與採購流程不同，因此通路地圖亦隨之有許多不同的變化。

　　下圖僅以資訊服務商品為例，將常見的銷售途徑以圖表示。廠商為維持市場競爭力，因此隨市場變化或競爭態勢的不同，會進行通路地圖的調整。也許是減少某些層級，或是降低不同屬性通路的銷售比重，這些都是通路策略與管理上常見之彈性運用。

有了通路地圖，接下來便是進一步訂定理想通路的條件，進行通路的召募。

資訊服務產品行銷通路

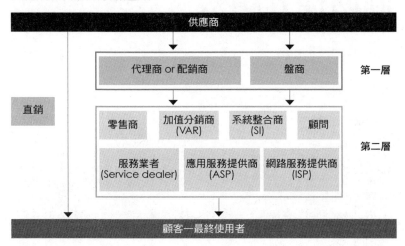

理想通路的條件

理想的通路夥伴所具備的能力，是決定產品或服務可否在市場上獲致成功的重要因素。一般而言，理想通路的條件通常包含：強大之銷售能力、行銷與技術支援團隊、健全之財務基礎、擁有地區性或特殊解決方案、或客戶基礎之優勢、重視客戶滿意、公司形象與我方匹配、具市場成長潛力、具備相似產品經銷經驗、高效率之物流系統、與我方行銷活動執行力及配合意願高、與既有之通路衝突性最低等。

通路管理 Part II：
協助提升績效

[個案 1]

在台灣，Ａ公司有良好的品牌知名度，而且台灣消費者喜歡在網路上蒐集資料做比較，但在莫斯科，Ａ公司才剛起步，消費者又習慣在店內與銷售人員討論，了解產品的特性與各品牌間的差異，消費者的決策主要依靠銷售人員的推薦居多。

然而台灣總公司根本接觸不到第一線銷售人員，無法得知銷售人員對產品的了解程度是否一致，再者，銷售人員的推薦往往依循著銷售利潤及誘因而決定。

那麼，遠在台灣的總公司，該如何讓銷售人員對產品做出正確的介紹，並願意向消費者推薦呢？

[個案 2]

配合新產品上市，Ａ公司舉辦了買產品抽獎送米蘭來回機票的促銷活動。總公司砸大成本規劃、舉辦活動，但零售商卻說不了解促銷內容，面對消費者的問題一問三不知，更別提幫忙提供抽獎券、留下消費者資料了。

為什麼行銷活動的內容似乎無法很順暢的傳達到零售商，獲得零售商的支持呢？

通路為銷售流程中關鍵的一環，雖然通路並非企業內部團隊成員，仍應達到有效激勵、確實管理、並即時評估的。通路管理的方法包含以下幾種。

設定通路方針

與通路訂定明確的合作計劃，內容應包含合作範圍（產品項目、地理區域等）、雙方應投入資源、庫存管理、退貨機制，也應界定賞罰機制，如激勵方案及若未達業績或不合規定時之懲罰措施。賞罰機制中也應含括明確的目標及評估指標，下表為評估通路表現時常用的指標。

提供足夠訓練

另一方面，為提升零售人員對產品的認識，須透過系統化的訓練。給通路的訓練包含產品訓練（基本介紹、產品特性、與競爭者比較等）、銷售訓練以及技術方面的訓練，透過定期的訓練，也可增加上游廠商與通路夥伴的雙向溝通交流，對於提高通路銷售能力與向心力相當重要。

通路績效評量

指標	評估目的
銷售數量	簡易且清楚地評估通路夥伴的銷售表現
銷售成長率	通路夥伴的成長潛力
營運毛利	通路夥伴的財務表現
市場佔有率	通路夥伴的市場滲透率與競爭地位
通路夥伴對不同品牌之銷售佔比	衡量通路夥伴對該品牌的承諾度與促銷能力的關鍵指標
銷售目標達成度	通路夥伴達成銷售目標的能力
業務機會成為實際業績的比例	通路夥伴的銷售技巧與能力
每月業務拜訪	簡易且有效地衡量通路夥伴的銷售活動／銷售能力
庫存管理	通路夥伴是否能滿足當地市場波動的需求
顧客滿意度	衡量服務與支援類型夥伴的關鍵指標
顧客抱怨	服務類型夥伴的關鍵指標與示警訊號

通路支援系統

夥伴關係的成功要素在於創造雙贏，因此上游廠商也應了解通路夥伴的期望，包括：希望上游廠商提供高品質產品、具競爭力之產品價格並能夠創造高銷售利潤、足夠的技術與行銷支援、充足的貨源、上游廠商的企業或產品知名度與形象、寬廣

的產品線等。

　企業行銷團隊應審慎評估通路期望，提供通路足夠的資源與支援，並於產品銷售期間提出良好的配套措施，例如：

・提供通路夥伴廣告的資源或資金。

・具競爭力及吸引力的促銷活動。

・提供展示品、試用品或 Show room。

・與通路夥伴行銷共同品牌，於產品廣告中提及通路夥伴，或允許通路夥伴使用產品或企業的 logo 等等。

・業務人員也應於過程中隨時支援通路的需求，定期巡查了解通路銷售情形，提供即時且符合需求之業務與行政支援，並隨時回答通路據點零售人員所無法回答的問題。

・售後服務的支援。

Part 5

[「我」媒體的挑戰]
迎向網路社群行銷

由數位匯流所帶動的三網融合,勢必將網路行銷帶到另一個境界,

雲端商務和社群網站等新觀念,也會引發創新的爆發力,

同時 IPv6 大幅度增加網域 URL 的數目,

讓網站的商務應用更大放異彩。

未來十年,網路行銷將實現更多前所未見的行銷手法。

第一章

新媒體即將誕生

　　2001 年的網路泡沫化使得許多網路公司關門倒閉，對於網路行銷是一個莫大的打擊，不過創新的網路交易方式又不斷產生出來。誠如英特爾葛洛夫所預言，大多數人高估了網際網路的短期影響，卻也低估了它的長期影響。

　　經過了三、四年的低迷，網路行銷再度快速成長，連傳統只靠實體行銷的公司，也將資源大量投注在建置網路和開發軟體上，以便強化數位通路的功能。台灣的高鐵公司在訂票的管道上，不但接受網路和電話自動訂票，更與超商合作，透過超商的多功能機器印發車票，給予旅客更多元而方便的服務。

統一超商雖然以販賣實體商品為主，但是也利用網路接受訂購，並協助辦理各種繳費的服務。還有，為了減少旅客報到時排隊等候的時間，許多航空公司建立了事前在家上網辦理報到的系統，頗獲顧客好評。

更令人驚訝的是臉書 (facebook) 這類社群網站，正以快到無法預料的速度擴充，成為大眾連結朋友的重要網站。

數位匯流是不可阻擋的趨勢

電腦、電話和電視三種不同的傳輸網路，正在發生互相整合的現象。由於網際網路的普及，電信業者已經順利跨入電腦網路服務的領域，現在更進一步擴展版圖，試圖進入電視產業的領域。

許多國家已經立法或修法允許電信業者經營有線電視，引起電信業者和有線電視業者激烈的競爭。為了生存，有些業者選擇異業結合，1993 年貝爾大西洋電話公司 (Bell Atlantic) 與美國最大的有線電視公司 TCI 宣布合併，便是一個具體的例子。

在國內，中華電信早就部署 MOD 隨選視訊服務，藉由寬頻網路，將豐富的高畫質影片或電視節目送到用戶端。由於畫質優美、節目多元，MOD 隨選視訊服務已經擁有超過一百萬用

戶。台灣政府宣布 2012 年就要全面進入數位電視的時代，預料電信業跨入電視傳播的趨勢會更加速。

另一方面，三大電信業者都看好 3G ／ 4G 無線上網的機會，積極推廣結合了電腦和電話的寬頻網路服務。電信業所主導的三網融合，將數位信號的匯流轉換為應用軟體、數位內容和創新服務的龐大商機。

傳統媒體和網路媒體正開始匯流成「數位化媒體」。前面我們探討過數位網路既是傳播資訊的媒體，又是經手交易的通路的現象。三網融合所形成的巨大寬頻網路平台，將提供一個全新媒體的市場空間。這種新媒體是下一波行銷革命的觸媒，所引發的爆發力將遠大於第一代電子商務。

三大電信業者看好 3G ／ 4G 商機

新的寬頻網路媒體，是一個擁有巨大潛能的商業傳播工具。今天我們談商業傳播，不盡然只是商業間的互動，而是傳送到消費者處能成為商業模式的各式各樣的媒介。

早期電話是很好的傳播工具。傳播界常講涵蓋面 (reach)，指的是同一時間可以和多少人接觸；另一個則是豐富性 (richness)，即接觸後可以溝通多少事情。如果是聲音、影像都

具備的媒介，豐富性當然會超越只有聲音的傳播工具。

我們為何將專業雜誌的豐富性變高了呢？專業雜誌訪談的對象，通常是非常內行的專家，隨刊會有附上許多圖表。從前這類雜誌主打高附加價值、特定的顧客群，電視出現後，大家發現同一時間內可以給幾百萬人同時觀賞，豐富性也不錯，於是電視獨領風騷好長一段時間。

台灣在無線三台時代，假設熱門時段有 900 萬人收看，平均一台可以分到 300 萬人，所以涵蓋面大得不得了。但是用電視看球賽只能知道賽事進行情形，無法像目前的多媒體一般，在旁邊提供參賽球員過往的參賽紀錄、分析統計等，所以還有很多機會可以增加豐富性。

網際網路很有趣，現在有很多地方利用網路一層層延伸，提高其豐富性，讓有需要的人點閱。無限延伸是網路最有利的優點，IP-Based 如果與無線電話結合，將產生多大的效益？目前大家尚在觀察各種技術實現的程度。

電視節目如果數位化，透過網際網路傳播是沒有問題的。在數位世界裡，根本沒有深度和廣度取捨的問題，讀者和作者都可以自由優游於一般性的概述和特定的議題之間。事實上，「多告訴我一些」(tell me more)，正是多媒體的重要概念，同時也是「超媒體」(hypermedia) 的根源。

　　數位匯流使得電信、電腦和電視的網路結合成一個龐大的寬頻網路，各產業間的界線日益模糊，競爭也日益激烈。由於這些網路的匯流，使得內容節目可以互相傳送播放，相信將帶動一波數位內容的新機會。這些內容與節目成為日常生活的重要資源，舉凡新聞、教育、娛樂、購物等等生活中重要的活動，很多都可以透過寬頻數位服務的通路獲得。

三網匯流示意圖

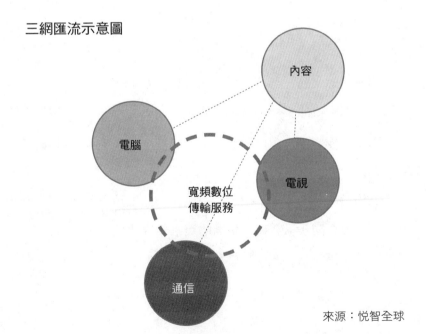

來源：悅智全球

雲端運算引發企業好奇

Google 的成功，使企業對於雲端運算所帶來的機會深感興趣。基本上，Google 的經營方式，是將軟體和資料庫儲存於各地的伺服器，藉由網路和智慧型的軟體，顧客所需的服務會由「雲端」裡的運算設備，自動處理，因此減少了顧客下載軟體和操作的麻煩。

這種觀念類似早期主機電腦架構，應用軟體放在主機上就夠了。不過，早期每一部主機都有明確的任務分工；雲端運算的架構，則是讓一組彼此連線的伺服器協調運作，以平行運算等軟體，將全球顧客上網的工作負荷 (loading) 分配到適當的主機上來來共同分擔。

雲端運算的服務，讓使用者不需要持有功能齊全的個人電腦設備，精簡省電的平板電腦就能滿足使用者的眾多需求，甚至使用智慧手機和車用數位裝置，都能由雲端網路獲取方便而有用的服務。

蘋果和宏達電的智慧手機可以由無線網路上獲得許多軟體或服務，這種建構在以雲端為架構的電信基礎建設和平台服務上的新型態商務模式，稱為「雲端商務」。

需建立理想的信賴機制

網路行銷面臨的一個挑戰是，買賣雙方在從未見面的情形下，如何建立互信的關係？即使已經完成交易，大部份消費者也可能沒有機會與銷售者見面。在這種情形下，彼此的信賴就很重要了。

在線上的來往，要如何形成互信關係？首先是增加與消費者的互動，提供更透明的資訊，並鼓勵消費者透過 e-Mail 或電話提出問題與意見。互動愈多，雙方達成交易的機會也愈大。但是企業也要注意，消費者在網站上與企業互動的過程，同時也在謹慎評估企業與顧客之間的禮儀。坦白與誠實，並判斷交易的風險；如果消費者稍覺不安全，很可能立即離開，關係即刻中斷。

理想的關係演進應該先由「吸引」再到「發展」。也就是從搜尋選購，到彼此瞭解的程度加深，再由發展階段進入「共同產製」階段。在這個階段，雙方密集互動溝通、交換資訊，以找尋合適的解決方案。最後則由共同產製進入「締約」的階段。雙方的承諾達到一個階段，就有可能立刻簽約，也可能進入更深一層的關係演進循環，一直到最後締約。

第二章

數位化改變了行銷的本質

　　搜尋引擎的出現，是行銷上一個創新的泉源，網際網路上成億上兆的網頁，利用關鍵字輸入在彈指之間便可完成。方便的搜尋服務讓顧客很容易便能自行尋找到合適的商品和服務；另一方面，消費者很容易搜尋到所有品牌的資訊，甚至包括了其他使用者對不同品牌的評價。

　　Google 的搜尋引擎在全球佔有六成以上的市場，企業無不希望消費者在關鍵字搜尋上能注意到自己的網頁，於是千方百計地設法提高自己在 Google 搜尋排名的名次。

以「銷售績效」為導向的行銷

首先，企業會重視搜尋引擎的最佳化（Search engine optimization，簡稱 SEO）。搜尋引擎最佳化是指更改網頁的內容與設定，讓訪客在搜尋引擎裡能更輕易地找到企業的網站。

利用 Google 提供免費的分析工具，就能幫助企業改善搜尋的排名。這些網路分析工具讓企業可以經營目標為前提，來管理搜尋引擎最佳化的工作。網路分析告訴企業哪些關鍵字帶領訪客進入網站，也可以提供每個關鍵字所產生的銷售轉換、潛在顧客和業績，以及哪些推薦連結網站貢獻的流量對企業最有價值。

網路分析追蹤或管理數位化行銷 (Digitized Marketing) 的本事，也讓傳統行銷與網路行銷，都開始轉變為「銷售績效導向」的行銷。搜尋引擎最佳化的目標，不是讓你的網站變成搜尋結果的第一名，它是經營策略的一環，最終目標是增加銷售轉換和業績。

「網路分析研究及管理」可用來比較行銷活動的成果。如網站流量來源為何？每次銷售契機的成本是多少？完成每次交易的成本是多少？每位訪客貢獻了多少價值？因為可以用來比較不同的成效，網路分析已經變成商業工具。

網路分析通常用來回答兩個問題：現在的狀況如何？可以如

何改善？運用網路分析，行銷人員可以瞭解哪些活動無效，需要中止投資，以及哪些方案有效，需要即時投注更多資源。

Google 的創新是這波數位行銷革命背後最大的驅動力。Google 的 AdWords 網路廣告方案比其他服務好用且有效，因此被廣泛使用。AdWords 讓廣告主可以依據訪客的實際點擊次數來付費，也可以詳細檢視每次點擊的成本。

於是，廣告主瞭解到行銷是能夠被追蹤和測量的，也開始懂得以數字來管理行銷活動。這是以每次點擊付費（Pay-per-click，簡稱 PPC）的關鍵字廣告最主要的貢獻。

網路行銷的技術是從 1990 年代中期才開始發展起來的，而且是由沒有傳統行銷經驗的年輕一代所創造。他們嘗試了許多新的方法，像是網站橫幅廣告 (banner ads)、電子郵件行銷、入口網站行銷、搜尋廣告等。

直到最近幾年，網路行銷人員使用的工具開始被傳統行銷人員採用，傳統行銷人員的概念和流程也被網路行銷人員吸收，兩者開始有了交集。

同時，基於網路分析 (Analytics) 概念與技術的成熟，我們得以從行銷的角度追蹤並評估每一個顧客、每一筆銷售，這也讓行銷的意義開始往銷售端靠近。換言之，數位化行銷改變了行銷的本質。

各種網路經驗帶動新的行銷革命

除了蘋果電腦傑出的成就外，許多新創的公司也充分掌握網路社群分享的良機。YouTube 提供平台，讓創作者和廣大的網路使用者分享視訊影片或照片，因此蔚為風潮；Facebook 作為網路交友聊天的時尚平台，在歐巴馬的競選和募款上扮演極為關鍵的因素。這些網站運用所謂 P2P(Person to Person) 的技術，可以容納幾千萬甚至上億的會員，在上面交友和分享數位內容。Facebook 經營七年，已經成為世界最大的交友社群網站，估計公司市值高達八百億美元。

Web2.0 的技術有效地促成社群共創分享的現象，維基百科可能是一個重要的代表，集合了許多專家的智慧，免費查詢的百科可以帶給人類豐富的知識。相較於 Google 的搜尋服務，維基提供的是經過專家整理、通常較為有品質的資訊。

網路的使用者經過這些不同的使用經驗，深深喜愛上網參與、社群互動等新的服務，將會帶動一波新的革命。

如開頭所提到的，由數位匯流所帶動的三網融合，勢必將網路行銷帶到另一個境界。雲端商務和社群網站等新觀念，也會引發創新的爆發力。同時 IPv6 大幅度增加網域 URL 的數目，讓網站的商務應用更大放異彩。未來十年，網路行銷將實現更多前所未見的行銷手法。

第三章

逆向行銷時代

另一個顛覆傳統的行銷是「逆向行銷」(Reverse Marketing)。

科特勒在《新世紀行銷宣言》書中提到:「數位時代的轉變也在行銷實務上引發了『逆向行銷』的發展。傳統上,產品設計、定價、廣告、促銷、通路、區隔等都是由企業主導的,但在數位時代,這些行銷活動都將從以往由企業主導轉變為由顧客主導。」

收集消費者的夢想

逆向行銷可以說是收集消費者的夢想,加以實現的創新模

式。過去在大企業的採購很多是用這種方式，例如徵求企劃書
(Request for Proposal) 或是公開標購，行之有年。

　　過去，一般消費者很難有這樣的權利；現在，網際網路使
大權從賣方轉移到買方手上，顧客才是老大，逆向行銷日漸走
紅。數位經濟植基於數位革命和資訊產業的管理，強調差異
化、客製化、個人化、便利性、速度和價值透明度的需求。

自己定價，反轉行銷方向

　　首先出現逆向行銷模式的，包括了 Priceline 公司所提供「自
己訂價」(name your price) 的服務。方式是由消費者針對旅遊
等產品先出價，再匯集消費者的需求向相關的旅館、航空公司
議價，創造了龐大的營收。

　　最近 GROUPON 這類的網站將團購的範圍擴大，消費者連
日常用品也會集結群體，跟廠商爭取優惠的條件。上述兩家公
司不再類似一般通路，以銷售供應者產品或服務賺取利潤，反
而是協助消費者爭取好的交易。

　　愈來愈多的活動是由購買者發起，行銷的方向反轉，通路成
員往往代理消費者或購買者，向供應者進行行銷活動。

消費者具有如國王般的權力

　　許多購物網站，也提供由消費者評比產品優劣的機制，藉由使用者對產品的「集合的經驗」(collective experience)，給予公正客觀評比。甚至鼓勵使用者加入討論群或消費者聯盟，交換意見，形成「電子口碑」，並在網站上公佈刊登這些「集合的內容」(collective content)。

　　這些做法都強化了消費者的權力，因此有些學者把這種現象稱為「消費者專制」(Consumer dictatorship)。消費者具有如國王般的權力，行銷通路思想隨之而產生重大改變。

Part 6

創意行銷的新紀元

行銷歷經一個世紀的發展，隨著時代不斷進步演化，
對於人類文明貢獻良多。
過程中行銷好像海綿吸收各種新觀念，進行更多的典範移轉，
因此蛻變出更創新、更有效的方式，
為供需雙方創造出新的價值。

第一章

社會網路與網路科學

二十一世紀行銷的重要工具是網際網路。無論是作為通路或是行銷溝通的工具，網際網路都扮演極重要的角色。

在本世紀初網路泡沫破滅之後，WEB2.0 的觀念興起，網站內容逐漸改為由使用者自己創造，而非只是網站經營者的權利。這個商業模式，導致許多社群網站的快速崛起。

人們透過社群網站彼此連結，形成一個全球極大的社會網路。這樣的網路，不只提供了人們擴展社交圈的機會，更替品牌行銷提供了許多獨特的契機。

每個人平均的連結距離約 6 個人

早在網際網路的連結關係之前，人際的連結關係就引發科學家的興趣。

心理學家米爾格蘭 (Stanley Milgram) 就做過一項實驗，他要受試者寄出一封信給自己認識的人，然後請他們轉寄給另一個認識的人。最後的目標是一個第一個寄信者所不認識的某一個指定人選（例如美國總統歐巴馬或教宗）。

結果發現，不論最後的對象有多遙不可及，多數的人總可以在 6 次轉寄左右，將信寄到目標對象的手中。這個現象就是著名的「六度分離」(Six degree of separation)。

微軟也曾以「六度分離」的現象為主題進行一項研究，結果發現，所有在微軟電子信箱中的用戶，彼此間平均的連結距離是 6.7 個人。亦即無論彼此間看來多不相關，多半可以在 6 個左右的連結聯上關係。

上帝創造萬物時的小秘密

現在科學對網路的連結關係與結構，才開始有初步且重要的發現。科學家發現，類似網際網路的結構，可以在許多其他網路關係中發現類似的情形。例如大腦神經元的連結網路、電力

網路的連結等等，都具備類似的特性。這似乎是自然律的一部份，或是上帝在創造萬物時的一項小秘密。

網路科學的興起，正是現在科學不滿於化約論，認為萬事皆可經由解析為最簡單的成分，而理解其運作方式的基本假設的表現，也是複雜科學 (Complexity) 的延伸。對群體組成份子間互動關係的研究（而非僅了解個別成員的特性），會成為未來科學的主軸。

行銷與社會網路與網路科學息息相關

然而，這一切和行銷有什麼關係呢？從最簡單的口碑行銷，到複雜的網路關係的利用，都與社會網路與網路科學有關。若能掌握全體間成員互動的關係，則可能依此掌握口碑傳遞的型態，並據此設計更有效的行銷策略。

此外，網路的特性也可以協助解釋許多行銷上如謎一般的現象。例如，許多人知道一個「門檻效應」，就是一個產品銷售如果達到一定的門檻，就會突然大賣特賣，這些現象都可以用網路的特性來解釋。

若是未來對網路的特性（不只是網際網路，也包含人際網路、以及各種不同類型的網路結構）能有近一步的理解，自然

科學以及社會科會的進一步發展，再一次突飛猛進，將是指日
可待的事情。

第二章

直透消費者腦袋的神經行銷學

　　講到行銷，多數人第一個想到的可能是「廣告」，其次是「市調」。市場調查是行銷人員了解消費者的主要工具。講到市場調查，我們一般想到的，大概不外是問卷或是訪談。許多人都有在路邊遇到市調訪員的經驗，或是在接到電話訪問的市場調查。隨著政治的民主化，民意調查也成為眾人熟悉市場調查的重要途徑之一。

　　以問卷或是質化訪談作為市調的主要工具，已行之有年。現在講到市場調查，許多人腦中就會浮現問卷填寫的情境。

　　然而，就如同人類文明的進步模式，許多突破總是在意想不到的地方發生。在其他領域方面的突破，往往會替本身的領域

帶來意想不到的發展。

功能性核磁共振的運用

在醫學領域中的核子醫學，發展了核磁共振等醫學影像的診斷工具，讓醫生不需為病人動手術，就可以從攝影的影像中確認有問題的部位在哪裡。近年來，功能性核磁共振的發展（Functional Magnetic Resonance Imaging，簡稱 fMRI），讓醫生更能針對大腦的認知功能進行研究，了解人類大腦，這部世界上最精密，也最神秘的機器的運作機制。

在以功能性核磁共振，研究人類大腦的認知功能上，是讓受試者躺在核磁共振的儀器中，要求他進行一項認知的工作，例如閱讀或是說話。當受試者進行這些認知活動時，以核磁共振儀器掃瞄紀錄大腦對應的即時活動，便可了解在進行一項特定的認知活動時，是那些區域在負責這些活動。

忠誠的消費者有如宗教般的熱情

早期使用 fMRI 的研究多半屬於學術界中的研究，對象是較為簡單的認知活動。近期，包含學術界以及企管顧問等人士，

企圖使用 fMRI 這個工具，將其用在更高層的決策以及消費行為的研究上。

這類的研究包含學術性以及實務性的研究。許多研究，探討消費者在從事不同的消費活動時，大腦的活躍區域為何。例如，研究者讓消費者看不同性質的廣告（例如理性訴求以及感性訴求的廣告），然後以功能性核磁共振，測量不同廣告會觸發那些不同的大腦區域。

此外，也有研究針對消費者對品牌的大腦反應。有些研究發現了與消費者品牌忠誠度有關的大腦活動區域；有些研究則發現，當忠誠度高的消費者，看到自己喜愛的品牌時，腦中活躍的區域，會和虔誠的宗教人士看到宗教的象徵物一樣。

因此，fMRI 等掃描工具，似乎替行銷研究，提供了一個新的工具以及新的領域。

品牌讓大腦的選擇大轉彎

上述介紹的神經行銷學廣泛應用在與品牌、媒體、顧客滿意度相關的研究中。富格特 (Douglas I. Fugate) 在 2007 年的《消費者行銷期刊》(Journal of Consumer Marketing) 中回顧了一些針對品牌進行的研究。

一項針對可口可樂以及百事可樂的研究顯示，若是沒有標示品牌名稱，多數消費者會選擇百事可樂，而大腦相應的活化區域是在腦中紋狀體 (Striatum) 中的腹內側核 (Ventrla-medial putamen)。此區域是大腦中負責尋求獎酬的區域，例如美味、可口等經驗。因此，在沒有提供品牌線索的情況下，消費者是以產品本身的口味來作判斷依據。然而，一旦提供了品牌線索，大腦活躍的區域就會有所不同。

　　當告知消費者其中一瓶是可口可樂，而另一瓶可能是可口可樂或是百事可樂時，消費者多半選擇確定是可口可樂的那瓶飲料。但若其中一瓶確定是百事可樂，而另一瓶不確定時，則沒有那麼多消費者會選擇確定是百事可樂的瓶子。

　　在有品牌線索時，大腦中負責高層認知歷程的內側前額葉 (Medial prefrontal cortex)，以及負責情感和情緒反應的海馬迴 (Midbrain)、背外側前額葉 (Dorsal-lateral prefrontal cortex) 以及中腦 (Midbrain) 會產生活化。這意味著有品牌線索時，消費者會以對品牌的記憶、認知以及情感來作選擇，而非原先的產品口味。

　　由此可見，消費者選擇可樂是以品牌認知為基礎，而非以產品本身的特色為依據，這在對大腦活動的研究上可以清楚看見。因此，品牌本身所代表的情感連結，以及品牌聯想及品牌

形象的特色，在品牌經營上，有時可能比產品本身更為重要。

消費者用哪塊腦袋決定採購行為？

　　在對品牌性格的塑造上，一般行銷人員的標準做法是儘量為品牌塑造個性，就像人有獨特的性格一樣。但在一項研究中發現，消費者在接收品牌性格的資訊時，左下額葉 (Left inferior prefrontal cortex) 會活化；但在接收人的性格資訊時，內側前額葉 (Medial prefrontal cortex) 會活化。因此，無論品牌性格做得多像人的性格，對消費者而言，就是兩個不一樣的事物，無法混為一談。

　　另外，在消費者對汽車反應的研究上，也發現相對於其他類型的汽車，跑車圖片會刺激消費者腦中一個稱為 Nucleus accumben 的部位產生反應。此區負責自我獎酬，常受到享樂性產品的刺激而活化，例如性愛、巧克力等，都會造成此區分泌多巴胺 (Dopamine) 以及腦啡 (Endogenous opiate) 而產生大量活動。

　　由此可知，跑車和其他類型的車不同；跑車對消費者而言，除了汽車之外，也具備高度的象徵意義，亦即是和享樂以及獎酬有關的意義。這對設計跑車溝通訊息的行銷人員而言，就有

十分重要的價值。

顧客買不買單，大腦告訴你

除了品牌方面的研究外，神經行銷學在廣告效果、媒體選擇以及顧客滿意度的研究上也都有其效益。舉例而言，聯合利華(Unilever) 曾和他們的研究顧問公司 Brain Science Group 合作，使用腦波儀 (EEG) 來測試廣告效果，並得到出乎意料的結果。

原本廣告中最重要的是產品展示及傳遞品牌訊息的部分，結果引發的腦部活動程度低於原先預期，而廣告中希望激發負面情緒的元素，則引發較強烈的腦波活動。這類研究可以為廣告創意的效果，提供另一個方向的檢驗基礎，讓未來的廣告更有成功的把握。

此外，也有公司將電視廣告影片中個別的單格影像以及其他個別元素，和腦部活動進行關聯研究，藉此找出觀看廣告飲片時，不同元素如音樂、影像、文字等，所激發腦部對應的活動區域為何。

另外，一家澳洲公司分析腦波在看廣告時的活動情形。他們發現，若一個廣告能激發左額葉快速而大量的活動，該廣告在一週後的記憶效果會最好。其他研究也發現，廣告中被認為可

以激發情緒的元素，並非激發大腦情緒中樞最強的元素。從上述幾個案例可知，此類腦部掃描的研究，可以讓我們重新認識廣告的效果。

滿意度是大腦眾多區塊的綜合感受

最後，許多關於顧客滿意度的腦部掃描研究，也提供我們對顧客滿意與否的新知識。研究顯示，當顧客參與程度越高時，大腦中整合情緒與認知的區域，如眶額葉皮質 (Orbital frontal cortex)，以及負責記憶提取的顳極 (Temporal pole)，和與臉部辨識有關的梭狀迴 (Fusiform gyrus)，都會有所反應。

此外，與情緒處理有關的杏仁核 (Amygdala) 以及與處理決策有關的前扣帶迴 (Anterior cingulate gyrus)，也會在回答和銷售人員的熱情有關的問題時產生反應。以上的生理證據顯示，取得顧客滿意是一個複雜的歷程，牽涉到人腦中許多與認知、情緒與記憶等重要功能相關的活動。

fMRI 的應用潛力無窮

將 fMRI 用在行銷方面的研究是新興的發展，其未來可能的

貢獻尚未可預知。如上所述，大腦掃瞄儀器的應用，不只是在於學術的研究上，企管顧問公司也對這個工具感到好奇。

利用腦部掃描工具如功能性核磁共振，可以瞭解消費者觀看廣告時的反應，以確認廣告是否能達成行銷預期的目標。此外，針對不同的行銷材料，如聲音以及氣味，也可以測試其對大腦的效果以及影響為何。

這些結果，對於品牌行銷顧問以及相關行業都是重要，且在過去是無法取得的資料。長期而言，掃瞄儀器的使用，有可能對企業管理的程序以及策略的改善，產生深遠的影響。

期待一個新興的科際整合領域

這樣的發展固然令許多學界與業界的人感到興奮，但我們也需要注意其可能的限制。許多行銷以及消費者研究的學者，對於使用 fMRI 儀器的可能成效，抱持懷疑的態度。許多人也不認為使用功能性核磁共振，可以對行銷所面臨的問題提供全面性的解答。然而，功能性核磁共振在行銷上的使用，無疑是一項令人振奮的發展，不同領域間的科際整合，可以提供新的發現以及檢驗過去發現的真實性。

關於核磁共振的可能貢獻，值得注意的倒是此項工具能提

供的是大腦及時運作區域的了解。但對具體實際的機制，此項工具只能提供粗略的了解，無法真正從掃描圖像中看見機制本身。

由此可見，核磁共振只提供了一個粗略的掃描工具，而無法真正深入了解「上帝造物的小秘密」。這是未來核磁共振的應用達到一定水準時，研究者（特別是學術研究者）所必須面對的議題。

就目前而言，這是一個正在興起的科際整合的領域，未來發展如何，且讓我們拭目以待！

第三章

文化創意服務與行銷

近年來，台灣的意見領袖，對於台灣產業未來的發展，有許多爭辯以及討論。從早期的代工模式一路走來，面臨了瓶頸以及轉型的問題。一方面，許多思考集中在現有的科技產業如何轉型；另一方面，則有更多人在思考台灣下一波主力的產業是什麼。

2008 年馬英九總統就任以後，當時的行政院劉兆玄院長提出了新興六大產業的政策目標，意欲建立以文化創意、精緻農業、綠色能源、觀光休閒、生物科技、以及醫療照護，這六大產業為主軸的發展藍圖。

從這六項產業的發展來看，基本是以台灣未來發展的大趨勢

為政策制定的目標。例如綠色能源，是針對全球暖化以及環境變遷的趨勢，再配合台灣資訊科技產業的強項而產生的。

同樣地，生物科技，也是針對未來的科技趨勢而制定的；醫療照護，則是配合台灣未來高齡化與少子化的趨勢而設計；觀光休閒以及精緻農業，則是由於教育普及，以及社會富裕後所衍生的服務業。

相對模糊的文化創意產業

在六大產業中，文化創意是比較特殊的一項。文化創意產業的定義，本身就是在六大產業中相對比較模糊的。舉凡文字與圖畫創作、廣告創意、文物創作與展覽等，都可稱為是文化創意的產業。

文化創意產業有兩點值得注意。第一，目前定義中的文創產業，都是過去既有的項目，並非如綠能產業等，有新的產業發生。因此，文創產業是鼓勵既有產業的進一步發展。

第二，文創產業是所謂的「軟實力」，其發展與台灣擅長的具體有形的產品，如雨傘、球鞋、乃至於筆記型電腦，有所不同。因此，過去產業政策的執行方式，未必能完全適用在文創產業的發展上。更不能以代工的方式與心態，來看待文創產業

的發展。

文創講究的是文化的背景以及創意，而創意往往難以掌握，無法以一般投資報酬率的觀點，來看待文創產業的發展，這是文創產業發展過程中需要注意的事情。

文創產業的行銷，比有形產品更困難

台灣發展文創產業有其競爭的優勢，此與長期以來的教育普及有密切的關係。即使近年來中國大陸急起直追，台灣確實是創造兩岸三地，華人文化事業最佳的典範。無論是音樂、書籍出版、雜誌、乃至於文創通路，台灣的成就都是兩岸三地最傑出的。

許多香港人到台灣旅遊，必去的景點之一是誠品書店；法藍瓷由於設計精美，也獲得國際的肯定。台灣年輕一輩的人，無論在網路或是非網路上的創意發想，從產品包裝設計、新飲食產品的開發、乃至於網路文學的創作，都逐漸在華人的世界中嶄露頭角。

近年來兩岸的交流日益密切，中國大陸的消費者，也逐漸發現台灣產品的精緻與創意，為台灣文化創意產業打下良好的市場基礎。

然而，文創產業的行銷，其難度又比有形產品更加困難。作為一項文化事業，文創產業的行銷，有賴於目標客層對文化背景的接受。若無國際政治的強勢作為文化輸出的奧援（如美國文化的全球輸出），文化背景的同質性，是文創產業發展的重要前提。

中國大陸與台灣的文化同質性高，大陸的龐大市場，正足以作為台灣文創產業發揮的舞台。

突破文化的異質性，全球走透透

從另一方面來看，若能突破文化的異質性問題，文創事業也是國家拓展影響力最佳的媒介。

全世界有許多人從來沒有去過美國，但卻對美國的事物耳熟能詳，如數家珍。為什麼？除了使用美國製的品牌以及產品以外，好萊塢電影長久以來所發揮的無形影響力，是造成美國對全球影響力最重要的來源之一。

台灣歷史長期和日本關係密切，受到日本的影響也極深。無論是日劇、飲食與民生文化，都在台灣生根，而成為台灣外來的文化特色。

近年來，也受到韓國的影響，韓劇在台灣大行其道，這些都

是文化輸出的顯例。

同樣地，台灣的文創產品以及戲劇，也逐漸在中國大陸以及東南亞掀起熱潮，也是文化輸出的明顯事例。

總之，文創事業的無形性，使得其行銷工作，將面臨不同於其他有形產品的挑戰。以台灣產業的發展階段而言，文創事業的開展與國際行銷，是未來的重要機會，也將會是面臨很多挑戰的一條路。

第四章

綠色產品急需行銷推廣

　　將來歷史回顧二十一世紀人類的大事紀時，在本世紀初期，固然有許多大事發生，如 911 恐怖攻擊、網路泡沫化、金融海嘯等，但對人類未來前途影響最為深遠的，可能要數地球暖化所引起的天災地變，以及這些生態的變化對人類產業的影響。

　　2011 年開春，全球各地就遭遇不同程度的天災。從澳洲的大水災、歐美的百年大暴雪，到俄羅斯零下 50 多度的創紀錄低溫，各種異常氣候現象不斷在警示世人，地球的環境正經歷前所未有的劇變。

　　人類如果再不為環境的劇變，改變自己的消費習性以及產業

結構，總有一天，文明科技進步所產生的這些「副產品」，將會回頭吞噬人類自己所創造的文明。

消費者心理使行銷難度增加

在此種氛圍下，「綠色行銷」成為本世紀最熱門的概念之一。綠色產品比比皆是。舉凡從汽車、綠能電池、乃至於生物可分解的塑膠袋等，都成為投資者以及消費者注目的焦點。

所有有關綠色的產業乃至這些公司的股票，都在一時間儼然成為最受矚目的焦點。似乎只要假以時日，大部份人類使用的非環保產品，都會被環保產品所取代。

然而事實真有如此樂觀嗎？看看我們使用的環保產品，無論是使用環保材質的鞋子、衣服，還是電動車、太陽能等，這些產品都有共同的特點，就是昂貴又不好用。一雙環保材質的運動鞋，幾個月不使用鞋底就爛了，大幅增加消費者的使用成本。油電混合車的購置成本以及維修成本，也遠比節省的油錢要高出許多。

從個人利益的角度而言，實在很難想像為何消費者會願意使用環保產品？因此，環保綠色產業除了發展技術，還需考慮如何讓消費者接受這些環保產品。僅僅靠消費者的道德意識是不

夠的。畢竟昂貴又不耐用的綠色產品，只能吸引少數經濟強勢的消費者採用。因此綠色產品的行銷，在未來將成為一個重要的議題。

加速市場滲透率的挑戰

目前的綠色產業，多將注意力集中在產品技術的發展，似乎還沒有仔細思考行銷上的問題。然而綠色產品的行銷，是未來綠色產業發展過程中不能避免的問題。行銷屬於綠色產業的產業鏈下游的工作。技術的發展固然重要，但是所有產品最終都必須經過終端消費市場的考驗。

目前綠色產品的行銷訴求，多著重於環境惡化的長期後果，希望藉由消費者的社會責任與道德感，來促成消費者對綠色產品的使用。然而，從個體經濟的角度來看，這種對多數消費者皆有足夠社會責任感以及利他主義 (Altruism) 的假設，其實是一件危險的事情。

由以上的分析可知，至少在目前，綠色產品與非綠色產品相較，並無法滿足消費者功能上以及成本上的效益需求。

以社會道德的角度要求多數消費者使用綠色產品，將會是一件困難的工作。學術研究也已經證實，多數消費者會選擇個人

利益大於團體利益（請注意，是「多數」消費者，而非全部）。
而短期的利益（如金錢上的損失）也會重於長期的利益（如長
期下來地球環境的惡化）。

　　這些基本的消費心理，對綠色產品的行銷皆屬不利。因此，
除了爭取政府對業者的補貼，以降低成本之外，如何與消費者
有效地溝通，與加速綠色產品的市場滲透率，將是未來綠色產
品行銷成功的主要關鍵。

結語

　　本書探討了行銷對人類社會所做出的貢獻，也回顧行銷思想的演進和轉變，令作者們感覺興奮無比的是：行銷有如具備生命的生物，隨著時代環境的改變，不斷修正調整，似乎遵循著物種進化的原則。

　　百年來，行銷的面貌千變萬化，傑出的理論和實踐令人目不暇接。現在我們又目睹許多創新的行銷觀念和手法，幫助企業創造奇蹟式的成功。他們的創意無限，改寫了行銷的教科書，也帶給所有行銷工作者莫大的鼓舞。

　　我們期許行銷創造更多奇蹟，奇蹟引發更多創意。

　　最後，要謝謝悅智全球顧問公司的全體同仁和顧客，以及新生命資訊服務公司和日月文化集團寶鼎出版公司的協助，沒有他們的幫忙，這本書不可能順利出版。

國家圖書館出版品預行編目資料

行銷長的挑戰：面對霓虹天鵝，打造創新x業績的競爭力／黃河明、陳麗蘭、沈永正著
—初版. —臺北市：日月文化，2011.11；
272面；15×21公分

ISBN 978-986-248-216-2 (平裝)
1.行銷管理 2.行銷策略

496   100020764

行銷長的挑戰：面對霓虹天鵝，打造創新x業績的競爭力

作　　者：黃河明、陳麗蘭、沈永正
總 編 輯：胡芳芳
主　　編：劉榮和
特約編輯：洪儷恆、王秀靖
封面設計：高茲琳
內頁設計：張天薪

董 事 長：洪祺祥
出　　版：日月文化出版股份有限公司
製　　作：寶鼎出版股份有限公司
地　　址：台北市信義路三段151號9樓
電　　話：(02)2708-5509
傳　　真：(02)2708-6157
E-mail：service@heliopolis.com.tw

日月文化網路書店網址：www.ezbooks.com.tw
郵撥帳號：19716071 日月文化出版股份有限公司
法律顧問：建大法律事務所
總 經 銷：聯合發行股份有限公司
電　　話：(02)2917-8022
傳　　真：(02)2915-7212

製版印刷：禾耕彩色印刷事業有限公司
初　　版：2011年11月
定　　價：320元

ISBN：978-986-248-216-2 (平裝)

日月文化集團
HELIOPOLIS
CULTURE GROUP

 大好書屋

 寶鼎出版

 山岳文化

 唐莊文化

 叢書館

 EZ TALK
美語會話誌

EZ Japan
流行日語會話誌

www.ezbooks.com.tw

感謝您購買 ___ **行 銷 長 的 挑 戰** ___ （書名）

為提供完整服務與快速資訊，請詳細填寫以下資料，傳真至02-2708-5182或免貼郵票寄回，我們將不定期提供您最新資訊及最新優惠。

1. 姓名：_____　　　　性別：□男　　□女

2. 生日：_____年_____月_____日　　職業：_____

3. 電話：（請務必填寫1種聯絡方式）

　（日）_____　　（夜）_____　　（手機）_____

4. 地址：□□□_____

5. 電子信箱：_____

6. 您從何處購買此書？□_____縣/市_____書店/量販超商
　□_____網路書店　　□書展　　□郵購　　□其他

7. 您何時購買此書？_____年_____月_____日

8. 您購買此書的原因：（可複選）
　□對書的主題有興趣　□作者　　□出版社　　□工作所需　　□生活所需
　□資訊豐富　　　　□價格合理（若不合理，您覺得合理價格應為_____）
　□封面/版面編排　　□其他_____

9. 您從何處得知這本書的消息：　□書店　　□網路／電子報　　□量販超商　　□報紙
　□雜誌　　□廣播　　□電視　　□他人推薦　　□其他

10. 您對本書的評價：（1.非常滿意 2.滿意 3.普通 4.不滿意 5.非常不滿意）
　書名_____　內容_____　封面設計_____　版面編排_____　文/譯筆_____

11. 您通常以何種方式購書？□書店　　□網路　　□傳真訂購　　□郵政劃撥　　□其他

12. 您最喜歡在何處買書？
　□_____縣/市_____書店/量販超商　　□網路書店

13. 您希望我們未來出版何種主題的書？_____

14. 您認為本書還須改進的地方？要給我們的建議？
_____
_____

日月文化集團
HELIOPOLIS
CULTURE GROUP

服務專線 02-2708-5875
服務傳真 02-2708-5182
服務信箱 service@heliopolis.com.tw

日月文化集團
讀者服務部　收

10658 台北市信義路三段151號9樓

www.ezbooks.com.tw

對折黏貼後，即可直接郵寄

大好書屋

實鼎出版

山岳文化

唐莊文化

EZ 叢書館

EZ TALK
美語會話誌

EZ Japan
流行日語會話誌

視野 起於前瞻，成於繼往知來

Find directions with a broader VIEW

寶鼎出版